応用から見た
パワーエレクトロニクス
技術最前線

新エネルギー、交通・輸送、産業、IT、科学・医療

監修 菊池 秀彦 川口 章

日経BP

まえがき

　パワーエレクトロニクス技術が、より良い未来を実現するための必須の技術となってきています。例えば、再生可能エネルギー分野。日本では2050年までに温室効果ガス排出ゼロを目指す方針が示されるなど、再生可能エネルギーへ大きく舵を切ろうとしています。当然、ここでは高電圧・大電流を扱うためのパワーエレクトロニクスが使われます。コロナ禍によって加速したデジタルトランスフォーメーションの流れによって、需要が急増するデータセンターの電源の大容量・高効率化、信頼性への要求も高まるばかりです。自動車から航空機に至るまでモビリティー分野においても電動化が進んでいます。つまり、パワーエレクトロニクスのさらなる活用なしには、これからの新しい社会を創れないのです。

　ひと言で、『パワーエレクトロニクス技術』と言っても、実はそのカバーする範囲は極めて広く、勉強しようと思っても何から手をつけて良いか分からないといった声もよく耳にします。様々なエネルギーを、電気を介して形を変える即ち『変換』する技術ですが、応用する用途・アプリケーションによってその役割も広く異なります。一方、その技術面に偏り過ぎると極めて取付き難いものとなってしまいます。

　本書は最近の応用事例を中心に解説をしながら、パワーエレクトロニクスの技術がその中でどのように使われているかを解説しています。あえて詳細な技術的な解説は省略していますが、より深く勉強したい方には、そのためのヒントと方向性も指し示したつもりです。

　パワーエレクトロニクスに興味を持った方が、本書を通じてその魅力についての理解を深めていただくことを期待しています。また1人でも多くの方がパワーエレクトロニクスをより身近に感じていただければと思っています。

菊池 秀彦

CONTENTS

第1章

メッセージ「PEiE」

社会システムの隅々まで
浸透するパワーエレクトロニクス
「PEiE」で電力の生産から利用までのプロセスを革新

　パワーエレクトロニクスが社会システムのカギを握る時代が到来しました。単に高性能・高機能、合理性を求める時代から、「人」「地球環境」「エネルギー」を含む社会システム全体の「最適化」を追求する時代へとパラダイムシフトが始まっているのです。

　パワーエレクトロニクスとは、高電圧・大電流の半導体を主にオン／オフすることにより、電流、電圧、電力を制御する技術です。半導体というと、パソコン、スマートフォンなど様々な電子製品に使用されているRAMやROMなどのメモリー、CPU、ロジックICが思い浮かぶかと思います。それらの半導体は定格電圧数V、電流も数マイクロAというレベルですが、パワーエレクトロニクスで使用する半導体は定格電圧が数10Vから数100kV、そして電流定格が数10Aから数10kAという大きな半導体です。パワーエレクトロニクスとは大容量の半導体を用いて交流から直流、直流から交流、そして周波数も自在に変換できる、すなわち電気エネルギーを制御する技術です。

　そして今、エネルギーが大きく変ろうしてしています。私たちは生活を支えるために、移動手段や物を作るときの動力、ビル、事務所、家庭の照明、そして冷暖房など様々なエネルギーを消費しています。このうち照明はそのほとんどが電気エネルギーで賄われています。冷暖房も電気が多くなっています。また、交通機関を考えると新幹線も通勤電車も電気エネルギーで動いています。

産業革命以来のパラダイムシフト

　人間の歴史の中で世界が大きく変わる出来事として、産業革命があります。これは18世紀の蒸気機関の発明によるもので、人力や馬などの動力が蒸気機関による動力に置き換えられていきました。蒸気機関車による鉄道、工場の機械の動力、そして自動車の発明へと続きます。エネルギーを生み出す元は産業革命の当初は石炭でしたが、やがて石油へと変わっていきます。自動車もガソリンや軽油を燃焼させて動かすエンジンが動力です。

　その後、電気の発明により、発電所が出来、蒸気機関車に代わり電気機関車や電車が登場します。

　今日では、国内の隅々まで交通網が整備され、さらにグローバル化の進展により世界中の人々が頻繁に移動するようになりました。新幹線や飛行機などの交通機関が分刻みで運行されるようになり、膨大なエネルギーが必要となっています。

　また、コンピューターやモバイル通信が発達し、私たちの暮らしはますます便利になっています。それらを支えるデータセンターなどには多くの電気エネルギーが必要になります。一方、様々な製品を作る工場でも電気が必要で、そこでは多くのモーターが使われ、大量の電気が消費されています。また、当然照明も電気です。

　今、世界の持続的発展を考えたとき、地球温暖化を防止し、エネルギー消費を効率化することが非常に重要な課題となってきています。電気エネルギーの生産から輸送、消費までのプロセスを革新することが求められています。

　発電所の中には、未だに石油や石炭、LNG（液化天然ガス）などの化石エネルギーに依存する部分がありますが、今後は、太陽光発電、風力発電、地熱発電など自然エネルギーの比率が増えてくることでしょう。やがて、電車は勿論、自動車も飛行機も、工場の動力源や熱源、ビルの冷暖房もすべてが電気エネルギーで賄われようとしています。宇宙船でさえ電気エネルギーで飛ぶ時代になろうとしています。

　この電気エネルギーを効率よく利用するには、それぞれの用途にあった

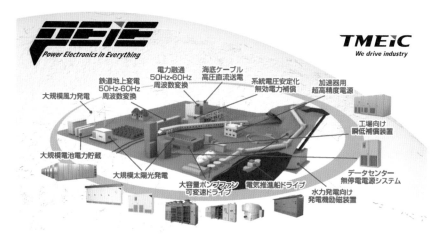

図1　社会構造の隅々まで浸透する「PEiE」

形に変換する必要があります。太陽光で発電された直流の電気は交流に変換し、送電線に接続しなければなりません。また、電車や電気自動車では速度を変えるために、電源の周波数を変更する必要があります。また、西日本から東日本に電気を送るためには、周波数を60Hzから50Hzに変更する必要があります。こうした様々な用途で必須なのが、パワーエレクトロニクスの技術なのです。

　今、世界は電気エネルギーの時代に変わるパラダイムシフトの中にいます。そしてその中でパワーエレクトロニクスが基盤の技術となっています。私たちは、最新のパワーエレクトロニクス技術によって社会構造を変革していく取り組みを「PEiE: Power Electronics in Everything」と呼んでいます（図1）。本書はその取り組みの全体像を解説したものです。

どこにでもパワーエレクトロニクス

　今や、私たちの身近な、いたるところにパワーエレクトロニクス技術は使われています。インバーターエアコンの中にも、快適な乗り心地のエレベーターの中にも、電車の空調や電車を走らせるVVVF（可変電圧可変周波数）インバーター装置にもパワーエレクトロニクスが使われています（図2）。

電車
出典：東芝インフラシス
テムズ株式会社　ニュー
スリリース　2020年1月
29日
「2019年度省エネ大賞
経済産業大臣賞の受賞に
ついて」
「2. All-SiC素子採用の
「VVVFインバータ装置」

エアコン
出典：「歴史を刻んだ東芝の
技術　インバータエアコン」，
東芝レビュー，Vol.55 No.7
図4 (2000)

LEDランプ

エレベータ
出典：棚橋徹　福田正博　川村正
美　奥田清治，「DC－GL高速エ
レベーターの制御改修」，三菱電機
技報，Vol.75 No.12　(2001)

図2　さまざまな電力機器を支えるパワーエレクトロニクス

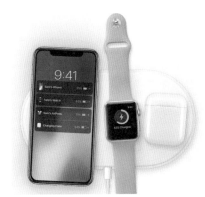

出典：日経クロステック、2018.11.09、「難題に
挑戦！iPhoneクイズ道場（2ndステージ）」、7ペー
ジ、https://xtech.nikkei.com/atcl/nxt/column/
18/00485/00003/?P=7、写真：アップル

出典：堀内恒郎、野呂康宏、田辺茂、「広く適用されてい
る高電圧・大容量基幹系統用パワーエレクトロニクス装
置」、東芝レビュー Vol.55、No.8、(2000)

図3　スマホ用充電器（左）も直流送電用機器（右）も同じ技術からなる

　もっと身近なところでは、LEDランプを光らせるための直流電源をつ
くっているのも、パワーエレクトロニクスですし、携帯電話の充電器の中
にもパワーエレクトロニクスが使われています（**図3**）。

　携帯電話の充電器は、家庭用の交流100Vから直流5Vを作ります。その
ために充電器の中では、交流から直流の「変換」が行われています。携帯

電話の充電器は、手のひらに収まり、カバンに入れて簡単に持ち運ぶことができます（**図3左**）。

　一方、直流送電では、交流27万Vの高圧線から、海底ケーブルで電力を運ぶための直流50万Vを発生させることがあります。ここでも、交流から直流の「変換」が行われています。この装置の大きさは高さが10m近くに及びます（**図3右**）。

　ところが実は、どちらもパワーエレクトロニクスとしては同じ技術が適用されているのです。

　あらゆる分野でパワーエレクトロニクスが活躍している理由を以下で説明します。

1）自然エネルギーの電気エネルギーへの転換

　気候変動を抑制し、持続可能な社会を目指すために、地球温暖化を防ぐことが重要で、CO_2削減が必須となっています。そのためには石炭、石油などの化石エネルギーから、太陽光発電、風力発電などの自然エネルギーへの転換を進めていく必要があります。

　そのとき、例えば太陽光発電からは直流電力が得られますが、世の中の

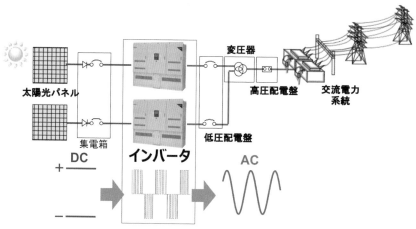

図4　パワーエレクトロニクスなしで太陽光発電は実現しない

電力網に接続し、ビル、家庭や工場などに送るためには交流電力に変換しなければなりません（**図4**）。直流から交流に変換するのがパワーエレクトロニクスです。また、多くの自然エネルギーは安定して得ることが難しく、出力変動によって電源系統に周波数変動などの影響を与えたりします。不安定な自然エネルギーから安定な扱いやすい電気エネルギーを得るためにも、パワーエレクトロニクスが役立ちます。

2）モビリティーの進化

モビリティー（移動手段）、輸送分野ではCO_2削減の方法として電動化によるゼロエミッション燃料への切替え、エネルギー使用効率向上（燃費向上）が盛んに進められています。パワーエレクトロニクスは、輸送分野におけるCO_2削減の対策に無くてはならない技術となっているのです。

鉄道は、一般に「電車」と呼ばれて親しまれているように、輸送分野で最も電化が先行しており、その先進的技術が最近の自動車の電動化に当たって参照されています。鉄道の主役である電車に裏方として電力を供給している鉄道電気設備や、外観からは分からない車両内部で、パワーエレクトロニクス技術が大いに役立っています（**図5**）。水銀整流器や直流電動機の原始的な組み合わせから、パワーエレクトロニクスの導入により、性能の面、省エネルギーの面、メンテナンスなどあらゆる面で、新しい世界が広がっています。

船舶においても、巨大なエンジンに変速ギヤをつけて推

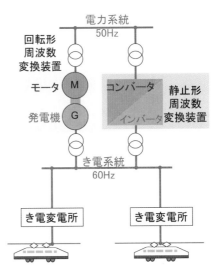

図5　鉄道電気設備のさまざまなパワーエレクトロニクス

進力を得る古典的な方式から、エンジンと発電機を高効率で組み合わせ、推進力はモーターで得る方式に移りつつあります。この方式は、非常に高効率・省エネであり、長距離を長期間かけて運航する船舶に

図6 実用化直前まできた空飛ぶクルマ
(写真：日経クロステック)

とって大きな利点となります。と同時に、極めて高性能な制御を実現することが可能となっています。

このほか、エレベーターでも効率性・乗り心地の改善などの目的で、パワーエレクトロニクス技術が役立っています。小型・高性能化が進んだパワーエレクトロニクスは、やがて、空へも飛び立っていくでしょう。回転数により利用効率や性能が大きく変化するエンジンに代わり、モーターによる推進力を利用することで、CO_2や排ガスの少ない航空機がすでに実用化目前まで来ています（**図6**）。夢はさらに、宇宙へも広がっていくでしょう。

3）社会の中での省エネ推進

モーターは日本において約1億台が普及しており、日本の産業部門の消費電力の約75％、全消費電力量の約55％を占めています（**図7**）。モーターの消費電力量の削減は、社会全体のエネルギーの節約に大きく貢献します。

また、情報化社会の進展に伴い、モバイル通信やインターネットは生活に欠かすことができませんが、インターネットの情報はデータセンターのサーバーに蓄積されます。サーバーは電力で動いているので、電力がなくなると、インターネットが使用できなくなります。同じように銀行のオンラインシステム、航空機・鉄道チケットの発券なども情報システムの上で動作しています。情報通信システムへの電力供給は非常に重要です。電力を365日、24時間途切れなく供給するところにもパワーエレクトロニクス装置が使われています。

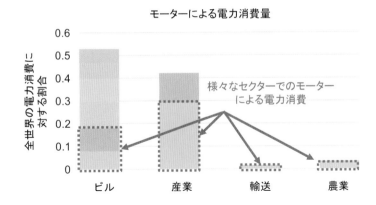

モーターによる電力消費量

次のグラフの数値を読んで作成したグラフ
IEA World Energy Outlook 2016
Figure 7.9 Global total final electricity consumption by end-uses, 2014

図7　社会全体のエネルギー消費に占めるモーターの割合

4) 災害に強い社会を目指して

　2018年以降、気候変動の影響もあり、日本国内では大きな被害をもたらす台風が複数上陸するようになり、甚大な被害を受けています。電源系統への被害も多く、倒木による送電線の切断や鉄塔の損壊などが起きています。また大地震による広域停電の発生とその復旧に長い時間が掛かっています。

　2018年の北海道胆振地震では、北海道全域で停電が発生しその復旧に長い時間を要しました。分析では、本州と北海道を結ぶ既存の直流送電が北海道へのフルパワーの送電を続け、最後まで系統を支え続けましたが、主力の発電所のドロップアウトにより、停電を防ぐことはできませんでした。既存の直流送電は他励式変換装置だったため、停電の間、電力を送ることができませんでした。しかし2019年に運転開始した新北本の自励式HVDC（高圧直流送電）は、外部電源なしでも起動するブラックスタート機能を有しており、北海道の電力が完全に失われた状態でも、本州側から送る電力で系統を立ち上げる能力が期待されています（**図8**）。

　日本の電力送電系統は信頼性が高く、瞬低（瞬時電圧低下）以上の対策

は不要と考えられて来たため、停電が長く続いた場合の対策は十分とは言えません。ハイブリッド車の大量のバッテリーから家庭や系統に電力を供給するＶ２Ｈ（Vehicle to Home）、Ｖ２Ｇ（Vehicle to Grid）など、災害対応に活用できる新しい形態が研究されており、ほかにもパワーエレク

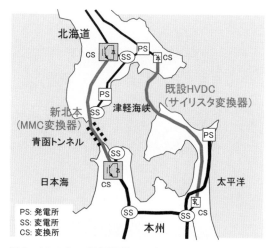

図8　2019年に運転開始した新北本の自励式HVDC（高圧直流送電）

トロニクスを応用したさまざまなアイディアが検討されています（図9）。

5）科学・医療への貢献

　次世代の物理学を切り拓く新しい科学分野へもパワーエレクトロニクスは大きく貢献しています。加速器は、電子ビームを制御して衝突させ、物質の成立ちを調べたりする装置です。周長数kmに亘るリング状の加速器で電子ビームを繰返し加速するためには、粒子を正確に同じ軌道に乗せる

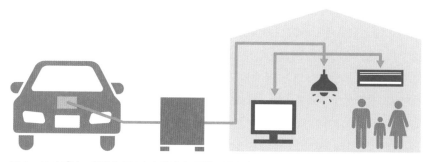

図9　ハイブリッド車やEVから家庭や系統に電力を供給するV2H/V2G

必要があり、そのためにもパワーエレクトロニクスが活躍します。

科学用途だけでなく、最近では、電子線や重粒子線を加速してがん治療などの医療に役立てています。そんなところでもパワーエレクトロニクス装置が役に立っているのです（**図10**）。

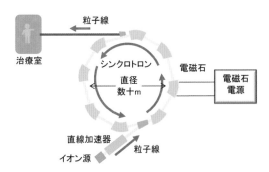

図10　加速器を利用した医療機器

将来へ向けて

さらに今後、さまざまなエネルギーの応用がパワーエレクトロニクス技術の発展により可能になると考えられます。マイクロ波を活用して、大気

図11　宇宙や航空の分野に進出する未来のパワーエレクトロニクス

中でエネルギーを送電できるようになれば、制限のない広大な太陽光パネルを宇宙空間に展開し、そこから地上に電力を送電することが可能になります。また、より軽量で高効率なパワーエレクトロニクス技術により、航空分野での電動化が可能となり、排気ガスやCO_2排出のない航空輸送が可能となります。パワーエレクトロニクス技術は地上応用に留まらず、広く地球を・宇宙空間をカバーしていくことでしょう（**図11**）。

第2章以降ではパワーエレクトロニクスが適用されている分野別にその具体的な例と、特徴や理論を説明していきます。分野としては、
・電力（つくる・送る・支える・貯める）
・モビリティー（陸・海・空）

・情報（データセンターなど）

・工場／設備

・科学・医療

の順で解説してゆきます。そして、最後に

・パワーエレクトロニクスの将来

で、これからの未来について説明します。

電力

つくる・送る・支える・貯める

2-1

太陽光発電（PV）、風力発電、燃料電池、電力貯蔵

変動の激しい自然エネルギーを
変換、制御、補償する

　　再生可能エネルギーは変動が大きく、その変動に合わせて最適な電力
変換が必要です。太陽電池（PV）は直流電源であり、その有効活用には
直流から交流への変換（DC/AC変換）が必要です。ここでは、再生可
能エネルギーを利用するときに使われるDC/AC変換器の概要と各種制
御方法の概要を解説します。また、直流電源である太陽電池の系統接続
に必要なパワーエレクトロニクス技術を紹介します（2-1-1）。続いて、
2-1-2では風力発電の各種方式と、大容量向けの発電用変換器について
紹介し、後半で、無効電力補償装置について解説しています。再生可能
エネルギーの出力変動に伴う無効電力変動を補償する装置が、方式によっ
ては必要になります。2-1-3では、将来のクリーンエネルギーとして注目
されている水素燃料電池について解説します。出力が安定した直流電源
ですが、DC/AC変換器や昇圧チョッパーなどのパワエレ技術を使って制
御します。2-1-4では、変動の激しい自然エネルギーを利用するうえでカ
ギとなる電池電力貯蔵システムについて、詳しく解説しています。さま
ざまなパワーエレクトロニクス技術が使われた大規模装置となりますが、
電力の需給バランスに合った最適な運用技術が求められる装置です。

2-1-1 太陽光発電 (PV：Photovoltaic)

ポイント

太陽光発電（PV）の発電量には次のような変動要素があります。1）日出から日暮れまで日射に応じて変動し、夜は発電しない。2）晴れ／曇り／雨のような天候の変化で変動する。3）雲の移動による急激な日射の変化で変動する。このように変動の多い太陽光発電から、効率よく最大のエネルギーを引き出し、交流系統へ高品質の電力を安定に供給するためには、パワーエレクトロニクスが不可欠です。ここでは太陽光発電に用いられる「変換器」について、発電自体に求められる機能と系統安定化に求められる機能に分けて説明します。

太陽光発電（PV）用変換器

　図1に示すように、太陽光発電の電力源は直流（DC）出力の太陽光パネルなので、電力を広い範囲に流通することが出来る交流（AC）系統に接続するためには、直流を交流に変換するインバーターが必要です。

　次に、直流から三相交流を作る仕組みを図2に示します。直流電圧源の正／負に2直列のスイッチ（SW）を3列接続し、2直列のSWの中点から出力線を接続し、各列のSWを順次切り替えることにより、三相の交流出力を作ることが出来ます。

　実際の変換器では、図3のように正弦波変調またはパルス幅変調（PWM：Pulse Width Modulation）という技術で、波形を正弦波状に高周波で変調し、変調周波数成分を出力のL/Cフィルタで除去することにより、綺麗な正弦波電圧／電流を作っています。

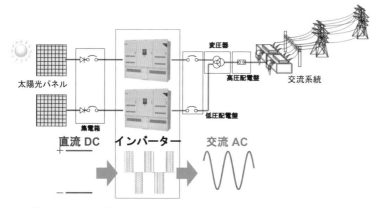

図1　太陽光発電とインバーター

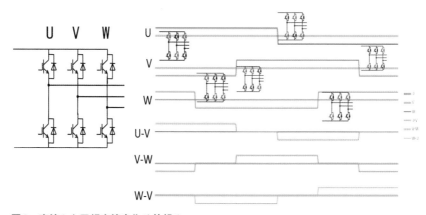

図2　直流から三相交流を作る仕組み

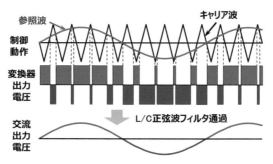

図3　パルス幅変調による正弦波の生成

　ここでは、十分に高速スイッチングが可能なIGBT（Insulated Gate Bipolar Transistor）というパワー半導体と、高速制御が可能なDSP（Digital Signal Processor）、FPGA（Field Programmable Gate Array）が使われています。

　図4に太陽光発電インバーターの代表的な制御ブロック図を示します。

　太陽光発電インバーターの基本的な制御は、

1）最大電力点追従制御（MPPT：Maximum Power Point Tracking）
2）直流電圧制御
3）有効／無効電力制御
4）出力電流制御

で構成されます。

　1）のMPPT制御は、計測された直流側の電圧と電流から直流入力電力を計算し、この直流電力が最大になるように直流電圧基準を出力します。

　2）この直流電圧基準と、直流電圧フィードバックから直流電圧が電圧

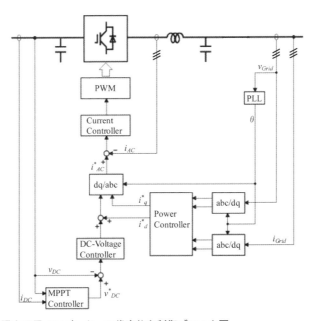

図4　太陽光発電インバーターの代表的な制御ブロック図

基準値となるような交流実効値基準が演算されます。

　3）系統側の交流電圧から系統同期のPLL（Phase Locked Loop）で位相基準を演算します。検出された交流電圧／電流はd/q変換後、パワーコントローラーに入力され、系統制御の無効電流基準を算出し、最大電力制御からの実効電流基準と加算して交流電流基準とします。

　4）d/q軸上の交流電流基準は、交流瞬時値基準に逆変換されます。これらがDSPで処理され、この交流瞬時値基準がFPGAに入力され、FPGAで高速電流制御を行い、インバーターの電圧基準となり、PWM信号に変換されインバーターのIGBTを駆動しています。

PV用変換器の概要

　PV用変換器には、用途合わせて大きく2種類の方式があります。

1）住宅用直流チョッパー付き小容量単相変換器

2）産業／発電プラント用大容量三相変換器

　住宅用などでは、住宅への様々な設置状況によりPVモジュール構成も変わるので、接続されるPVモジュールの電圧範囲に幅広く対応する必要があります。そこで図5のように直流チョッパーを設けて、広範囲なPVモジュールの特性に合わせるように構成されています。

　一方、大容量の発電プラントでは、設置環境に応じた最適なPVモジュール構成を適用するので、図6のようなチョッパーを使用しない高効率の3レベル変換器が適用されています。最近では、最大直流電圧1500Vのモジュール構成が主流となってきており、大幅なコスト低減となっています。また変換器の効率も図7に示すように最大値で99％に達しています。

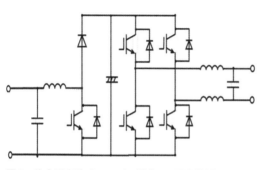

図5　住宅用直流チョッパー付きPV用変換器

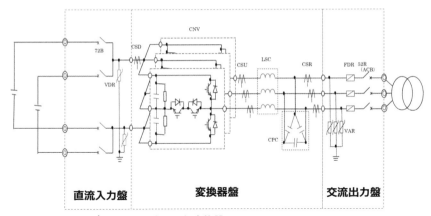

図6 産業／発電プラント用大容量三相変換器

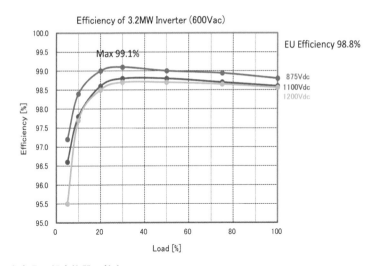

図7 大容量三相変換器の効率

最大電力点追従制御（MPPT）

　太陽電池の出力の電圧／電流特性は、**図8**の青線ように、日射や温度によって変化します。出力電力は電圧と電流の積となりますので、図のピンク色のような最大電力点のあるカーブとなり、赤線のように最大電力点は日射／温度によって変動します。太陽光エネルギーを有効に使うためには、

(1) 日射変動によるI-V, P-V カーブ　　(2) 温度変化によるI-V, P-V カーブ

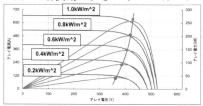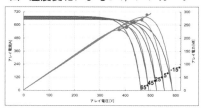

図8　太陽電池の出力の電圧／電流特性

常にこの最大電力点で発電を行うよう動作点を制御する必要があります。

　日射や温度の変動に追随して常に最大電力を発電するようにするのが、最大電力点追従制御で MPPT と呼ばれています。MPPTの一例としては、**図9**に示す山登り方が一般的です。直流電圧を動かしながら最大電力点を見つける方法です。

　これは変換器自体の変換効率と同様に重要なFactorで、世界各国の規格でこの評価方法が定められています（例えば　EN50350）。

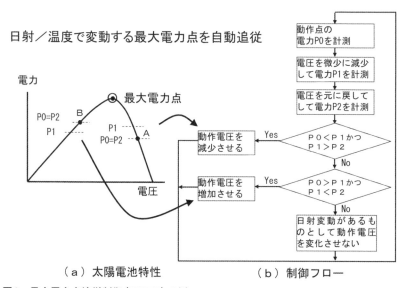

図9　最大電力点追従制御（MPPT）の例

系統連系保護／制御

　従来の電源系統は、発電所から変電所を通して電力消費地に送る一方通行が前提でしたが、再生エネルギーによる発電は、それらの系統の中間、または末端から系統に逆方向に発電電力を送り込むことになるので（逆潮流と呼ばれています）、電力の流れが双方向になります。従来の系統連系保護に加えて、単独運転防止のような新たな保護機能や、電圧の安定化制御が必要となってきました。

　また、再生エネルギーの普及拡大に伴い、電力系統の中での再生可能エネルギーの占める割合が増加し、系統に与える影響も無視出来なくなるだけでなく、系統を支え、安定化させる責務を求められるようになりました。

　ここでは　代表的な下記5点について紹介します。

1) 単独運転防止
2) 系統電圧安定化制御
3) 系統事故時の運転継続機能（FRT：Fault Ride Through）
4) 周波数安定化制御
5) 発電抑制制御

1) 単独運転防止

　交流系統で事故が発生すると、①事故検出により、事故区間が②のように切り離されます（**図10**）。もし、パワーコンディショナー（PCS：Pow-

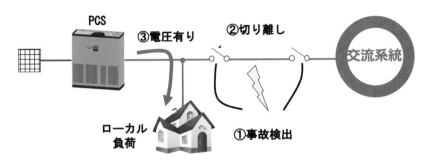

図10　単独運転防止による系統連系保護

er Conditioning Subsystem）からの発電電力と、切り離し点より左側の負荷消費電力が一致していた場合は、切り離し点での電流が0なので、事故により切り離されたことの影響はなく、事故前の電圧／周波数を維持したままPV発電が単独で運転を継続します。

この図の左側は、系統から切り離されていることになっているので、停電しているという認識で配電線の工事をすることになりますが、非常に危険な状況が続くことになるので、速やかに単独運転を検出して停止する必要があります。

単独運転は、PCSの無効電力等を能動的に動かして、その結果として現れる位相／周波数等の変化を受動的に検出するという能動的方式と受動的方式の組み合わせで検出しています。

2）系統電圧安定化（電圧上昇抑制）

配電系統の中間や末端部から発電電力が注入されるため、系統のインピーダンスが大きい場合、発電電流により発電端の電圧が上昇する場合があります。低圧標準電圧100Vの場合101±6Vに収まるように、PCS端の

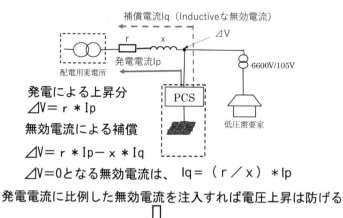

図11　系統電圧安定化制御による系統連系保護

電圧上昇に応じて、力率を進み0.85まで調整し、さらに発電電力を絞ることで、発電による電圧上昇を抑制します。

　また、大規模なプラントでは高圧／特別高圧での連系となるため線路のインピーダンスはL分が主要因となるので、**図11**に示すように無効電流を注入することにより、電圧上昇を抑制出来ます。

3) 系統事故時の運転継続機能（FRT）

　従来は系統事故時には、悪影響を与えないように給電を停止することが求められていましたが、PV発電の占める割合が増加してくると、PVの発電電力が系統を支える発電電源として期待されてきています。そのため系統事故時にも給電を継続することが必要となりました。系統事故を乗り越えるという意味で運転継続機能（FRT：Fault Ride Through）と呼ばれています。**図12**に一般的な例を示します。系統事故が発生し電圧が低下しても斜線の部分で発電運転を継続し、系統への給電を維持することにより、事故切り離し後電圧回復を支えます。

　系統電圧上昇抑制の項でも述べましたが、大容

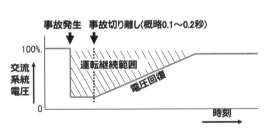

図12　系統事故時の運転継続機能（FRT）

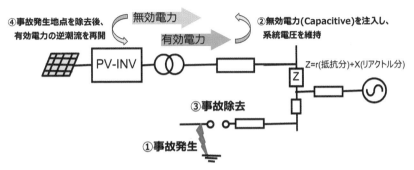

図13　無効電流を注入して電圧を補償する機能

量PVプラントが接続される系統は、高圧または特別高圧で線路のL分が大きいため、**図13**に示すように系統事故時には、電圧上昇抑制とは逆極性の無効電流を積極的に流して、電圧を補償する機能（Dynamic Voltage Compensation）も、欧州や北米では規格化されています。

4）周波数安定化制御

PVの発電量が増加し、系統の発電量が電力消費を上回ると発電機の回転数が上昇し、系統の周波数が上昇して発電機の停止に至ります。

そのため、パワーコンディショナーで周波数上昇を検出した場合は、**図**

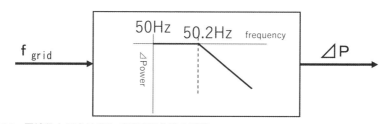

図14　周波数上昇を検出して発電量を絞る機能

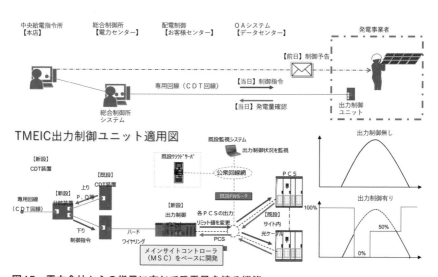

図15　電力会社からの指示に応じて発電量を絞る機能

14のように発電量を絞る必要があります。再生可能エネルギーの普及が進んでいる欧州や北米では、系統連系規定に取り入れられています。

5）発電抑制制御

4）項ではパワーコンディショナー側で周波数上昇を検出して、自律的に発電量を絞りましたが、あらかじめ発電量が電力消費を上回ることが予想される場合は、電力会社からの指示で発電電力を制限する機能が実用化されています。**図15**は九州電力で実施されている出力制御機能の例です。

電力会社の中央給電指令所から、気象や電力消費の動向から計画される発電量制御を発電事業者に前日に予告し、当日はそれに応じた制御指令を出力制御ユニットに送信し、発電量を絞ります。

大規模太陽光発電プラントと大容量変換器

図16に代表的な国内の太陽光発電プラントの例を示します。

ここでは、屋内型の500kWインバーターを屋外コンテナに収納し、67

津名東　Solar Park 33.5MW
Inverter 500kW × 67set

Photo offered by Eurus Energy

図16　ユーラスエナジー津名東ソーラーパーク

1.667MW outdoor type

1.667MW
×36 sets

Camelot/Columbia-II （CA）60MW

図17　米国Camelot/Columbia-II太陽光発電プラント

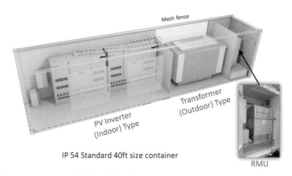

図18　ベトナムの255MW太陽光発電プラント

台で33.5MWの太陽光発電プラントを構成しています。

　図17は北米で1.667MWの屋外機を使用している例で、36台で60MWの太陽光発電プラントを構成しています。

　図18は、ベトナムで屋内型2.55MW機2台をコンテナに収納して、昇圧トランスとスイッチギア（RMU）を組み込んだ5.1MWのAC-Stationを50台で、255MWのPV発電plantを構成した例です。

屋外機の冷却

　図17で示した屋外機について、インバーターの冷却構造について説明します（**図19**）。

　この屋外機では、基板／IGBT等の環境要素（湿気や塵埃）に敏感なエレクトロニクス部分を、密閉された前面に収納します。インバーターの主な発熱部分は、IGBT変換器とリアクトルです。IGBT変換器の発熱はヒートパイプを使って背面に熱が移送され、背面の外気で冷却されます。リアクトルも背面の外気で冷却されます。

　背面部の用品は外気で冷却されるので、耐環境性に強い仕様で設計されています。外気は地面の砂塵等の取り込みが少なくなるように上部から取り込まれ、底部の冷却ファンにより排気されます。

　IGBTの発熱を背面部に移送するヒートパイプの構成を**図20**に示します。ヒートパイプは、減圧密閉されたパイプの中に純水が入っているもので、これが図のように

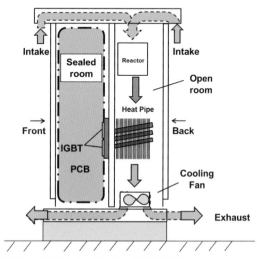

図19　屋外機インバーターの冷却構造

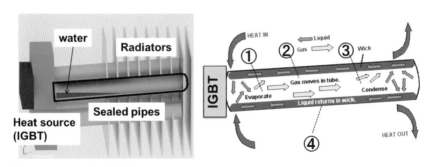

図20　ヒートパイプの構成

IGBTの発熱部に接続され、傾斜して取り付けられ、放熱部には冷却用の放熱フィンが取り付けられています。発熱部で純水は潜熱を吸収して蒸気となり、傾斜したパイプを上部の放熱部に移動します。放熱部で、蒸気は潜熱を放出して、液化し重力でパイプの中を発熱部に戻ります。

　このように、水と重力の特性を利用して、他の機械的動力なしに効率よく熱を移送できる特徴を持っており、長期信頼性が確保されているので、20年の稼働が期待される太陽光発電には最適の冷却システムです。

2-1-2 風力発電と無効電力補償装置（SVC）

ポイント

風力発電も太陽光発電と同様、気象の変化によって出力が変動します。風力発電では、発電機からの交流をコンバーターを用いていったん直流に変換し、この直流電力をインバーターを用いて系統に同期した周波数の交流に逆変換します。さらに風力発電の場合、出力変動を緩和する無効電力補償装置（SVC）のような機器があってはじめて、基幹電力源として成立します。ここではまず風力発電の各種方式と、大容量向けの発電用変換器について紹介し、後半で、無効電力補償装置とそれを応用した緩衝装置について解説しています。

風力発電は文字通り風任せです。特に日本は台風も多く、風の変動が激しく、その出力変動も太陽光発電（PV）以上に速く大きいため、基幹電力源とするためには、変動を緩和する無効電力補償装置や電力貯蔵安定化システムのような、パワーエレクトロニクスを応用した緩衝装置との組み合わせで安定した発電が可能となります。

発電方式の比較

風力発電システムを、適用される発電機の種類によって分類すると表1のように分けられます。大きくは、回転磁界を固定子の三相交流によって発生させる誘導発電機形（Induction Generator：IG形）と、回転子側の磁極によって磁界を発生させる同期発電機形（Synchronous Generator：SG形）に分けられます。

表1 風力発電システムの分類

大分類	小分類	界磁の発生方法	回転子励磁電源
誘導発電機	かご型IG	固定子の交流電流	不要
	巻き線型IG		三相交流電源
同期発電機	永久磁石SG	回転子永久磁石	不要
	直流励磁式SG	回転子直流電流	直流電源

IG形では、その構造から多極化することが困難なため、風力発電の風車のように低速で回転する動力源に対しては、増速ギアを用いて回転数を上げる必要があります。一方SG形では多極機を使用することにより、ギアレスシステムを実現することが可能で、風力発電における騒音、メンテナンスを考慮するとギアレスシステムは大きなメリットとなります。

時々刻々と変化する風車の回転数を系統周波数に同期させることは不可能であるため、SG形の発電システムでは発電機と系統との間に周波数変換装置（以下、変換装置）が必要となります。比較的小容量の発電システムでは発電機側のコンバーターにはダイオード整流器を用いることもありますが、大容量システムでは、主にIGBT変換器で構成され、発電機で発生する電力を効率的に取り出せるように制御しています。

このコンバーターを用いて、発電機からの交流をいったん直流に変換し、インバーターを用いて直流を系統に同期した周波数の交流に逆変換します。発電機で発生した電力は全て変換器を通過するため、発電機の最大出力以上の容量が必要となります。

風力発電用変換器の運転波形を**図1 (b)** に示します。**図1 (a)** の番号①〜④は、各々、図1（b）の番号に対応しています。

大容量風力発電変換器

図2に代表的な二次励磁式IG（Double-Fed Induction Generator：DFIG）、直流励磁式SG、永久磁石式SG（PMSG）を示します。

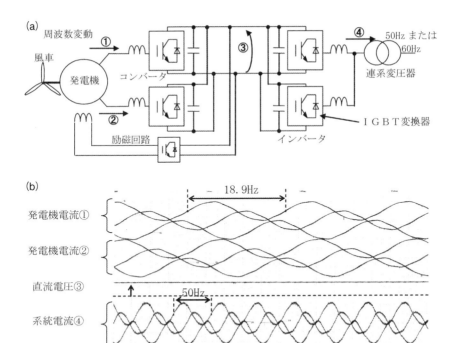

図1　風力発電用変換器の構成（a）と運転波形（b）

（1）二次励磁式IG（DFIG）

　誘導発電機回転子の片端をスリップリングにより外部に取り出し、変換器によって回転子側の電力を調整することにより固定子側の電力を調整することができます。このため、系統に直結するかご形誘導発電機で問題となる起動時の突入電流や、無効電力の発生を抑えることができます。また、変換器の容量は回転子側巻線の励磁容量でよく、発電電力の1/3程度で済むため、コストの面からも有利になります。

（2）直流励磁式SG

　外部からスリップリングを介して回転子巻き線に直流電流を供給し、回転子に界磁を発生させます。発電機からの交流電圧をいったん直流電圧に変換し、系統と同期した周波数で出力します。

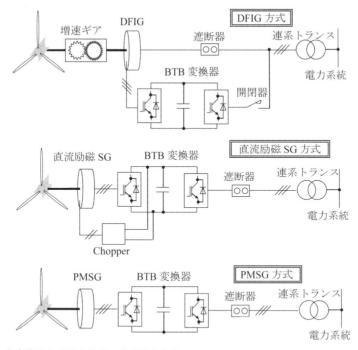

図2　大容量風力発電変換器の代表的な方式

（3）永久磁石式SG（PMSG）

　回転子の磁極に永久磁石を用いており、界磁を発生させるための電源が不要です。従って、回転子での損失はほとんどありません。また、増速ギアや、スリップリング等、機械的な摩耗品がないため、発電機の故障率が低く、また注油作業等も不要のためメンテナンス性に優れています。永久磁石のコストが高いというデメリットを差し引いても、大容量化には最適な方式です。現在では大容量風力発電システムの主流となりつつあります。PMSGでは、回転数に比例して発電機出力電圧が変動します。このため、電力を効果的に取り出すためには、変換装置は発電機の回転数及び電圧に応じた電圧を出力する必要があり、IGBTを用いた変換器が一般的に適用されています。

　このPMSGの制御ブロック図を**図3**に示します。PMSGでは、発電機回

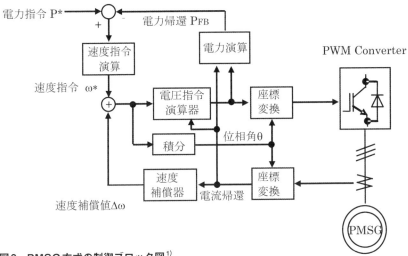

図3　PMSG方式の制御ブロック図[1]

転数が風速に応じて変化するため、コンバーターの出力もそれに応じて変化させる必要があります。この部分が図中の速度指令演算で、上位よりの電力指令値P*に応じて速度指令ω*を演算しています。この速度指令と電流帰還から電圧指令演算器によりコンバーターが出力すべき電圧指令を演算し、その結果をPWMコンバーターに与えています。

　また、負荷電流の急変に対して速度（周波数）を増減する速度補償器により、PWMコンバーターの周波数が発電機出力周波数と等しくなるように制御しています。最近では、メンテナンス性や設置スペースの観点からエンコーダ等の位置センサや速度センサを用いない、センサレス制御が主流になっています。

風力用無効電力補償装置 (SVC)

　風力発電の内、かご型誘導発電機（IG）は、増速ギアによる騒音などの課題はありますが、構造が簡単で比較的安価であることから風力発電に数多く適用されています。IGは風速が変わって出力が変動すると、それに応じて無効電力が変動します。多数の風車からなる大規模ウィンドファームでは、IGの無効電力変動による系統電圧の変動が無視できない場合があり、無効電力変動を高速に補償する無効電力補償装置（SVC：Static Var Compensator）が設置されます。

　一例として、**図4**に5MVAのSVCの回路構成を示します[2]。IGが発生する無効電力はリアクトル相当であるので、補償のためにはコンデンサー相

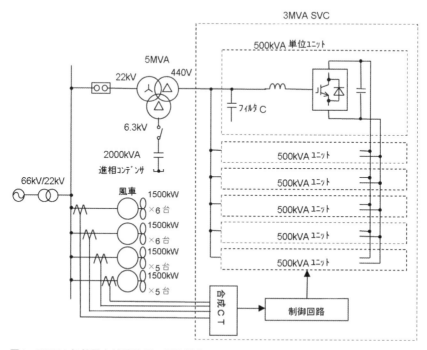

図4　5MVA無効電力補償装置の回路構成

当の無効電力が必要です。5Mvarのコンデンサー相当の無効電力を補償するために、固定のコンデンサー2Mvarと、リアクトル、コンデンサーの両方向の無効電力制御が可能な±3MvarのIGBT変換

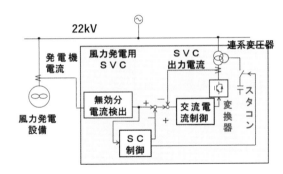

図5　無効電力補償装置の制御ブロック

器を組み合わせて制御しています。

　図5に制御ブロックを示します。発電機の電流を集め、そこから無効電流成分を分離します。その無効電流成分から、補償のために固定コンデンサーが供給する無効分2Mvarを差し引いて、IGBT変換器が供給する無効電流指令とし、交流電流を制御しています。図6に、固定コンデンサー（SC）とIGBT変換器の出力の分担を示します。固定コンデンサーは入り／切りの制御しかできないため、ステップ状の変化になります。また、入り／切りはスイッチで行うため時間がかかります。一方で、IGBT変換器は、無効電流を連続的に高速に制御することができ、きめ細やかに、しかも高速な無効電力の補償が可能になります。

　図7は、発電機の無効電力に約450kvarの変動が発生した場合の実装置

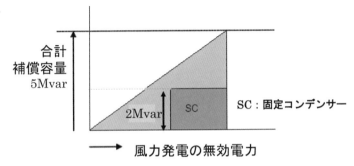

図6　無効電力出力の分担[1]

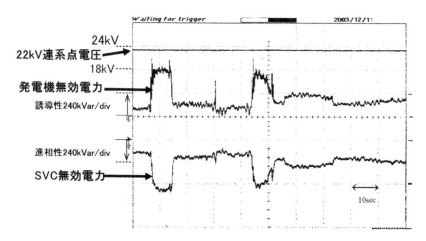

図7 無効電力変動時の応答波形

における補償波形です。変動分をSVCが補償することにより、22kVの系統電圧には変動が生じていないことがわかります。

図8に設置例の写真を示します。5MVAのSVCを構成する3MVAのIGBT変換器です。SVCは、風力発電が電力系統に与える影響を軽減し、導入を促進する重要な設備です。

図8　設置例（3MVA 風力用SVC用変換器）

【参考文献】

1) 安保達明、左右田学：「大容量風力発電とパワーエレクトロニクス」、電気学会誌、129巻5号、2009年、pp.291-294、

2) N.Nakajima, N.Konno, N.Tagashira: The International Power Electronics Conference（IPEC-Niigata 2005）, pp.2173-2176 (2005-4)、日本語文献／川上紀子：「新エネルギーとパワーエレクトロニクス技術～太陽光発電と風力発電～」、平成21年全国大会　4S-23-1　(2009-3)

2-1-3 　燃料電池

ポイント

燃料電池は水素エネルギーを活用する CO_2 フリーの発電です。太陽電池や風力発電と異なり、管理された安定した発電が可能です。燃料電池システムは一種の化学プラントなので、プラントの補機を駆動する電力の供給が必要です。DC/AC変換器としてはPVと同じ構成になりますが、燃料電池は低電圧のため、大容量では昇圧チョッパーとの組み合わせが一般的です。発電量は燃料の注入で決まるので、燃料電池全体のシステム制御からの指示で発電量を制御します。

　燃料電池は、水から電気分解で酸素と水素を発生させる電気化学反応の逆で、**図1**に示した化学式のように、電解質を介して二つの電極に水素と酸素を送ることによって化学反応を起こし、水と電気と熱を発生させ、エ

化学式　$2H_2 + O_2 \rightarrow 2H_2O$ ＋電力＋熱

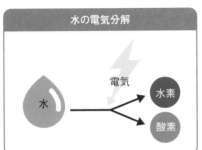
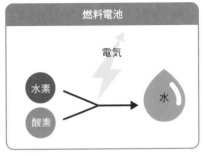

図1　燃料電池の原理

ネルギーとして熱と電力を取り出すものです。

水と電力を得られるので、1960年代からアメリカの宇宙船で実用化され、発展してきました。

化学エネルギーを直接電気エネルギーに変換するので、太陽光発電（PV）や風力発電と同様にCO_2フリーで発電できる環境負荷の少ない発電方式です。発電量は燃料（水素）の供給量で決まるので、変動の大きいPV発電や風力発電とは異なり、安定に管理された発電が可能となります。PV発電や風力発電で得られた電力で生成した水素を貯蔵し燃料とすることにより、CO_2フリーで、かつ安定した発電が期待されています。持続可能な社会の一つとして期待される水素社会を構成する重要な発電要素です。

燃料電池から発生する電力はPVと同様に直流のため、一般的に電力として利用するためには、直流を交流に変換するインバーター変換器が必要です。このようなパワーエレクトロニクスによって、水素エネルギーの有効活用が可能となります。

燃料電池用変換器

PV発電と異なるのは、発電のプロセスが電気化学反応であり、燃料電池自体は小型の化学プラントで、そのプラントを運用する多くの補機との組み合わせとなっています。そのため、燃料電池用の変換器はその補機を

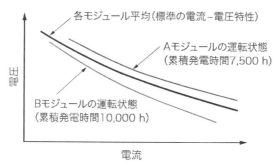

図2　燃料電池の電流／電圧特性
（出典：東芝レビュー Vol.73 No.5、「水素社会の実現に向けて導入が進む100kW燃料電池システム」）

駆動する電力も供給する必要があります。通常は系統連系なので、燃料電池起動のための電力は系統から供給されますが、燃料電池が発電を開始した後は、燃料電池からの発電電力で補機を駆動しますので、系統が停電した場合でも特定の負荷へ電力を供給し続けることができます。

系統が無い場合に燃料電池を起動する（ブラックスタート）場合には、補機電源を供給する別電源（蓄電池または小型発電機）が必要です。

代表的な燃料電池の発電特性（電流／電圧）を**図2**に示します。

電流が増えると直流電圧が下がる特性があるので、PVと同様その変動に合わせた直流電圧範囲で発電する必要があります。また、寿命によっても特性が変化するので、その変化を見込んだ電圧範囲が必要になります。

直流を交流に変換するインバーター変換器としては、PVと同じなので基本的には同じ構成で対応が可能ですが、PVに比べて現状の燃料電池の出力電圧が低いので、DC600Vまでの低圧変換器が一般的です。

図3に大容量システムの例を示します。燃料電池は低電圧でもあるので大容量化のためには、複数の燃料電池に個別に昇圧チョッパーを接続して、

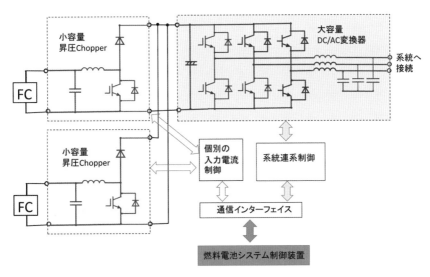

図3　大容量システム構成図

個別の燃料電池の状況に応じたDC電流制御を行い、集約された比較的高い一定のDC電圧で効率の良い大容量のDC/AC変換器で一括の系統連系するシステム構成となります。

　発電量は燃料（水素）の注入量で決まるため、変換器は燃料電池全体のシステム制御側から指示される個別のDC電流指令に従い、発電量を制御します。

2-1-4 電池電力貯蔵システム

ポイント

太陽光発電（PV）や風力発電の出力変動を補償する方法の一つに、蓄電池の充電・放電により変動を抑制する電池電力貯蔵システムがあります。蓄電池の直流と系統の交流の間で電力を変換するためパワーエレクトロニクス技術が必要ですが、主回路技術そのものはPVとほぼ共通です。ただし、蓄電池は単に置いておくだけでは価値を生みません。どのように活用してメリットを出すか、運用面での工夫がポイントとなります。

電力系統の周波数

　図1に、電力系統における消費量と発電量のバランスと周波数の関係を表した模式図を示します。時々刻々と変動する消費量に対して各発電所の出力を制御し、常に消費量と発電量を一致させる必要があり、これによって周波数を一定に維持しています。もし、このバランスが崩れると、周波数が変動し、各種電気機器の運転に影響を与えるだけでなく、一定値以上に周波数が変動すると、発電機の保護機能が働き、系統から次々と発電機が切り離され、大停電を引き起こす可能性があります。周波数は図1に示すように、需要よりも発電が小さい場合には電気が不足して周波数が低下し、需要よりも発電が大きい場合には電気が余って周波数が上昇します。

　図2に、主な発電手段である火力発電の原理と課題を示します。火力発電は、原料となる石油、石炭、液化天然ガスなどを燃やし高温の蒸気を発生させて、その力でタービンを回して発電機を回転させて発電します。火

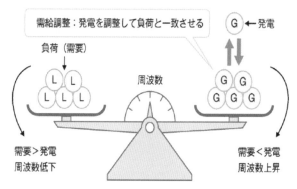

図1　需要と発電の調整のイメージ

「NEDO再生可能エネルギー技術白書（第2版）」、第9章系統サポート技術、p.6より。(https://www.nedo.go.jp/content/100544824.pdf)

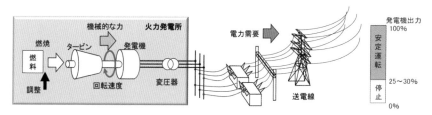

図2　火力発電の動作概要

力発電は、燃料の量を変えることで発電量を調整することができますので、季節や時間帯によって変動する電力消費に対応して発電量を調整する役割を担っています。

　しかし、火力発電機を運用するにあたっては、次の2点に注意が必要です。火力発電機は、安定に運転するために最低限これだけは出力しなくてはならない値があり、例えば、急に、再生可能エネルギーの発電量が増えて火力発電の電力が不要になったとしても、ある値以下には発電量を落とせません。逆に、急に再生可能エネルギーの発電量が減って、火力発電の電力が必要になったとしても、一旦停止した発電機の起動には数時間かかる場合もあります。つまり、**図3**に示すように、気象条件による再生可能エネルギーの発電量が変動すると周波数が変動し、さらに変動量が大きく

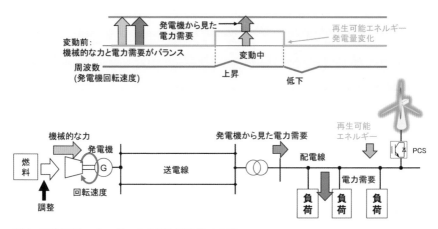

図3　再生可能エネルギーの変動と周波数の変動

なると火力発電所の出力調整が不足し周波数が大きく変動し停電を引き起こす恐れがあります。

蓄電池設備導入の必要性

　地球温暖化防止のための石油・石炭などの化石燃料の使用量低減や、2011年の東日本大震災時の福島第一原子力発電所における事故を背景に、再生可能エネルギーの導入加速を目的として固定価格買取（FIT：Feed-in Tariff）制度が2012年7月開始しました。太陽光発電は、制度開始前の発電設備容量が5.6GWであったのに対し[1]、2019年3月末では、約53.4GWにまで増大しています[2]。太陽光発電の発電設備容量は、例えば九州電力では、2019年3月末で8.53GWと、ゴールデンウィーク中などの電力消費が少ないときの必要電力量を上回るほどの発電量となっています[3]。

　気候条件に発電量が左右される再生可能エネルギーの比率が増すと、電力系統の安定な運用に支障が出てきます。そこで**図4**に示すように、蓄電池で再生可能エネルギーの変動を吸収して安定化する必要性が出てきます。

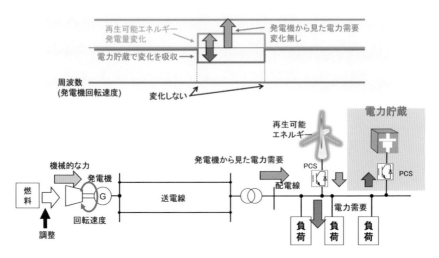

図4　蓄電池による安定化の模式図

蓄電池用インバーター

　電力系統と蓄電池の間で、充放電を行うためには、交流電力と直流電力を変換するパワーエレクトロニクス技術が必要になります。

　図5に代表的な回路図を示します。基本回路は、2-1-1図6のPV用回路と同じですが、下記2点が異なっています。

　①PVは電流源（電流一定で、電圧は負荷に応じて変化する性質を持つ）であるのに対して、電池は電圧源（電圧一定で、電流は負荷に応じて変化する性質を持つ）であるため、直流部の短絡事故時の保護のためにヒューズを入れる。

　②起動時に、インバーターの直流コンデンサーの初期充電が必要であるため、初期充電回路を設ける。図5においては、蓄電池側から抵抗を介して充電している。

　蓄電池用インバーターにも、系統連系保護／制御および、系統事故時の運転継続機能（FRT）については、PVと同様に求められており、同様の手段で実装しています。機能の詳細については、PVの項を参照ください。蓄電池は、太陽光、風力とは異なり、自ら発電は行いません。そのため、

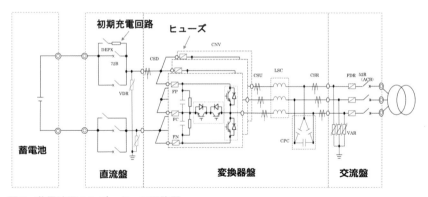

図5　蓄電池用インバーターの回路図

単に蓄電池を置くだけではなく、どのように充放電を行うかでその価値が決まります。

　次に、代表的な蓄電池による変動抑制のシステムを紹介します。

風力発電変動安定化NaS電池システム

　青森県の六ケ所村にある二又風力発電所の出力を、NaS電池（ナトリウム硫黄電池）で安定化するシステムです。**図6**にシステム構成を、**表1**に定格一覧表を示します。1.5MWの風力発電機34台からなる合計出力容量51MWの風力発電の出力を、30MWのNaS電池の充放電で安定化しています。NaS電池は2MW単位でインバーターと組み合わせて充放電を行います。全体では2MWが17台ありますが常時接続されているのは15台、30MWとなります。**図7**に発電所の全景と、NaS電池システムの外観を示します。**図8**に建屋内に設置されている2MWインバーターの写真を示します。

　風力発電所としての定格は40MWであり、51MWの発電機の合計出力が40MWを超えないように発電を計画します。本システムは蓄電池の出力調整により、単位時間ごとの電力系統への送電電力を、発電計画に基づき一定に制御することを目的としています。

　図9に制御ブロック図を示します[4]。あらかじめ決められた発電計画値と

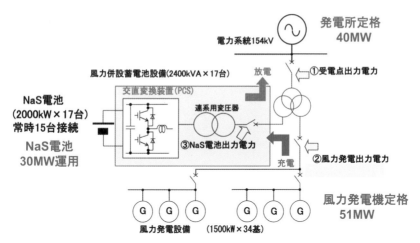

図6　二又風力発電所システム構成

表1

日本風力開発(株), 二又風力開発(株)風力発電所システム定格

項目	定格
風力発電設備容量	1.5MW　×　34基　＝　51MW
風力発電所発電定格	40MW
蓄電池設備容量	2MW　×　17台　＝　34MW （常時15台併入）
蓄電池電力量	244.8MWh

蓄電池併設風力発電所全景　　　　　　NaS電池群

図7　システム概観

図8　2MWインバーターの設置写真

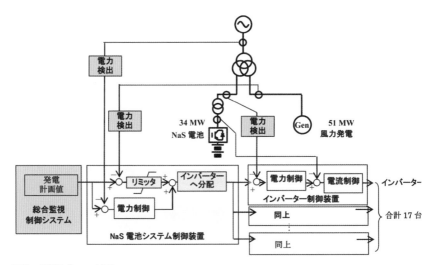

図9　制御ブロック図

風車の出力電力の差を検出し、フィードフォワードでNaS電池の充放電指令値とします。さらに、発電所と電力系統の接続点の電力と発電計画値の差がゼロとなるようにフィードバック制御で補正を加えます。この2種類の制御を組み合わせることにより、高速で高精度な制御を実現しています。

　図10に、運転時の8時間分の連続波形を示します。水色の線が風力発電の発電量、ピンク色の線が電池の充放電電力です。水色とピンク色の電

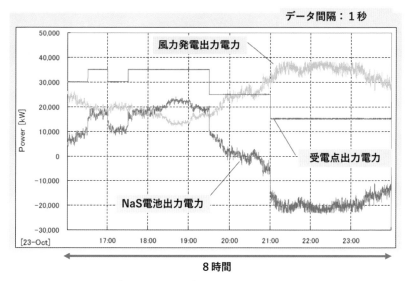

図10 出力一定制御波形（8時間連続運転）

力を足すと電力系統への発電電力になります。それを赤色の線で示しています。風車の出力が25MW程度変動していますが、電池の充放電により安定化され、赤色の線は計画値どおり一定値に制御されていることが分かります。このように一定値に制御することにより、再生可能エネルギーの変動が電力系統に与える影響を低減できます。

太陽光発電出力変動抑制システム

　離島に太陽光発電を入れるにあたって、その変動を抑制するために導入された蓄電池システムを紹介します。

　島のエンジン発電機容量30.5MWに対して、すでに太陽光発電が4MW（約13%）導入されており、そこに新たに出力1.75MW（約6%）の太陽光発電を追加することになりました。太陽光発電の容量が発電機容量20%近くになるため、島全体の周波数の安定化のために、蓄電池を導入した事例です。

　この事例は、前述の風力発電向システムのように発電計画値に合わせるのではなく、エンジン発電機が追従できるように、太陽光発電の出力の変

化速度を蓄電池で緩和する、という目的で導入されました。要求仕様は、1.75MWの太陽光発電の出力と蓄電池の出力の合計の変化率を、1秒当たり5.5kW（1.75MWの0.3%）以下に抑制するものです。2MW-1.03MWhの蓄電池を入れて変動抑制を行いました。

　図11にシステム全体の写真、図12に導入した蓄電池の写真を示します。

図11　太陽光発電と蓄電池の外観

図12　2MW-1,03MWh蓄電池とインバーターの外観
（インバーターは内部に収納されている）

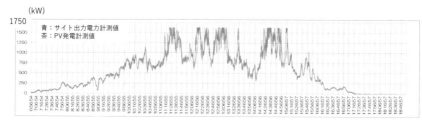

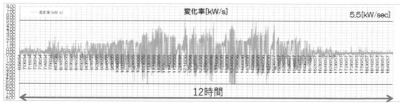

図13　蓄電池による変動抑制の運用結果

　また、**図13**に運用した結果の波形を示します。太陽光の出力変動が大きな日においても、1秒当たりの変動が5.5kW以下に抑制されていることが確認できました。

　以上、再生可能エネルギーと蓄電池を組み合わせた2つのシステムを紹介しました。再生可能エネルギーと蓄電池を組み合わせて変動を抑制することにより、電力系統に与える影響を軽減し、より多くの再生可能エネルギーを導入できるようになります。

【参考文献】

1) 資源エネルギー庁、「国内外の再生可能エネルギーの現状と今年度の調達価格等算定委員会の論点案」第46回 調達価格等算定委員会資料1（2019年9月）
https://www.meti.go.jp/shingikai/santeii/pdf/046_01_00.pdf

2) 資源エネルギー庁、エネルギー白書（2020年）

3) 東京大学　先端電力エネルギー・環境技術教育研究センター　APET イブニングセミナー"卒FIT後の再生エネルギー拡大策"「再生可能エネルギーの大量連系への対応」2020-2-19

4) N. Kawakami et.al. "Development and Field Experiences of Stabilization System using 34MW NAS Batteries for a 51MW Wind Farm", IEEE ISIE 2010, pp.2371-2376

発電機の仕組みと
パワーエレクトロニクス機器

　ここでは、水力発電と火力発電に使われる発電機とパワーエレクトロニクス装置について説明します。水力発電も火力発電も類似の技術を用いているため、この章では二つの技術をまとめて解説します。

　水力発電も火力発電も、太陽光発電や風力発電など自然エネルギーの増加にともない、きめ細かい出力調整が求められるようになってきました。そこで、発電機を構成する重要な機器である励磁装置、起動装置にはさまざまなパワーエレクトロニクスを用いるのが一般的です。ここでは、一般的な水力発電、揚水発電、可変速揚水発電、火力発電、コンバインドサイクル（火力）発電などの概要と、それらに使われるパワーエレクトロニクス機器について解説しています。

2-2-1 水力発電と火力発電

ポイント

水力発電、火力発電共に、励磁装置、起動装置はパワーエレクトロニクス機器を用いるのが一般的です。ここでは、水力／火力にかかわらず、発電機と励磁装置、起動装置をまとめて説明しました。次に一般的な水力発電、揚水発電、可変速揚水発電、火力発電、コンバインドサイクル（火力）発電の概要を説明しています。その後に、励磁装置と起動装置のパワーエレクトロニクス機器について解説し、最後に、交流発電の基礎、三相交流の基礎について説明しています。

1 発電機の構成

　水力発電でも火力発電でも、発電機のほとんどは同期発電機が用いられます。同期発電機には、回転する界磁に磁力を発生させるための励磁装置が設けられます。

　図1は発電機の構成図です。発電機は電機子の電圧を主変圧器を通じて高電圧に変換して需要地へ電力を送ります。励磁装置は励磁用変圧器を通して数kVの三相交流を入力として直流に変換し、スリップリングを介して発電機の界磁を励磁します。

　同期発電機は回転速度を調整して発電電圧の周波数を50Hzや60Hzにして電力系統に電力を送ります。停止状態から50Hzや60Hzに回転速度を昇速するために、起動装置が設けられます。図1では、起動装置に断路器を接続し、主変圧器に繋がる遮断器を開放状態にしておいて、起動装置は停止状態から徐々に周波数を上げ、発電機を電動機として駆動して発電機

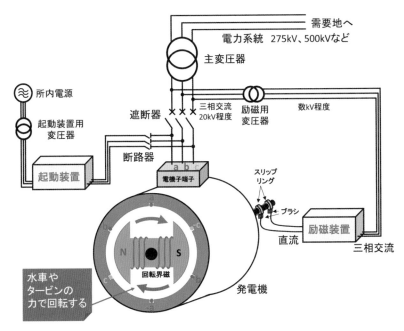

需要地へ

電力系統 275kV、500kVなど

主変圧器

所内電源

起動装置用
変圧器

遮断器

三相交流
20kV程度

励磁用
変圧器

数kV程度

断路器

起動装置

電機子端子

スリップ
リング

ブラシ

励磁装置

直流

三相交流

水車や
タービンの
力で回転する

回転界磁

発電機

図1　発電機と励磁装置、起動装置

の回転子の回転数を上昇させます。

　発電機の速度が上昇し、発電電圧の周波数が電力系統の周波数と同じ
（同期速度という）になり、電力系統と発電機の交流の位相が一致した状
態で、遮断器を閉じて系統に接続します。起動装置はその役目が終わった
ので断路器を開放して停止します。励磁装置と起動装置の詳細は4節で紹
介します。

　発電機の発電する電圧は数kVから20kV程度です（出典：電気事業連
合会のホームページ）。この電圧で送電線に数百MWの電力を送るために
は、数kAの電流を流す必要があり、送電線の抵抗成分から大きな損失が
出ます。そこで、変圧器を使って275kVや500kVに電圧を昇圧して流れ
る電流を下げ、送電による損失を少なくして需要地（大都市）に送電して
います。

2.1 水力発電

　水力発電は水の落差を利用して水車を回し、水車の回転力で発電機を回転させて電力を得ます。ダムや調整池によって蓄えた水を落差のある水路へ導入し、水車を回します。図2にあるように、水車は水平に回転するため回転軸は垂直となり、発電機は水車の軸と同様に回転軸が垂直になるように設置されます。水は降雨、降雪に依存するため再生可能エネルギーの一部ですが、大規模な水力発電の適所は偏在します。

　水力発電に使われる発電機は同期発電機で、商用周波数（50Hz、60Hz）に同期した回転速度で回転します。同期発電機には、回転する電磁石（界磁）を励磁するための直流電源装置が必要で、4.1節で説明するパワーエレクトロニクス製品である励磁装置が使われます。さらに、水力発電の発電機の起動には、起動装置が使われています。

2.2 揚水発電

　通常、水力発電では発電所を出た水は河川に放流されます。揚水発電は、上部ダム池から下部ダム池に水を流して発電したり、下部ダム池から上部

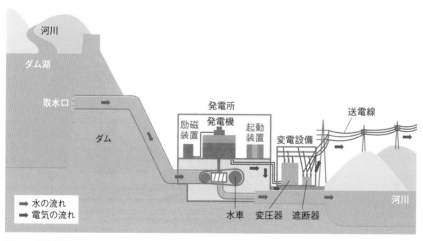

図2　水力発電

ダム池に水をくみあげて電力を水の位置エネルギーに戻すことができ、電力需要に応じて発電、蓄電が可能な設備です（**図3**）。

　揚水発電に用いられる発電機も同期発電機です。ただし、発電時と揚水時で水車の回転方向を逆にする必要があり、三相の電路の相順を「相反転断路器」で切り替えられるようにしています。

　わが国で揚水発電は、夜間の原子力発電の運転による余剰電力を揚水運転で吸収し、電力需要が大きい昼間に発電運転で消費する運転が一般的でした。しかし、大規模太陽光発電の導入により、週末の昼間には太陽光発電による発電量が需要を上回る地域が出るようになり、昼間に太陽光発電の余剰電力を揚水運転で吸収する運転も行われるようになっています。

2.3　可変速揚水発電

　一般的な交流発電機は図1で説明した直流励磁であり、常に商用周波数と同期した同期速度で運転されます。これに対して回転子が三相巻線構造の交流励磁形同期機の界磁に、すべり周波数の低い周波数の交流を流して、

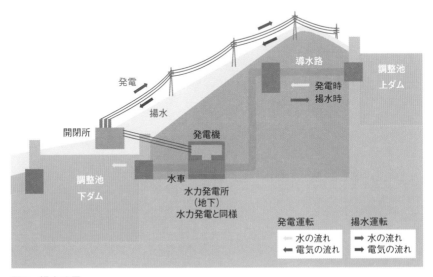

図3　揚水発電

固定子による回転磁界の同期周波数に対し、回転子を同期周波数とすべり周波数差の速度で回転するようにしたものが可変速揚水発電です。すべり周波数で励磁する励磁装置は、パワーエレクトロニクス製品の一つであるサイクロコンバーターやインバーターで構成されます。図4は二次励磁装置にインバーターを用いた例です。

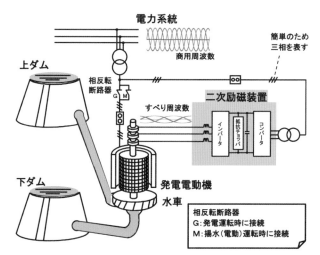

図4 可変速揚水発電

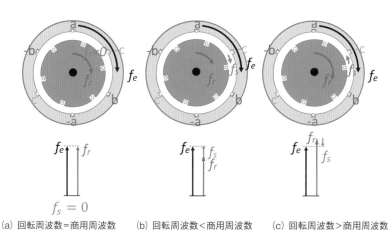

(a) 回転周波数＝商用周波数
$f_r = f_e , f_s = 0$

(b) 回転周波数＜商用周波数
$f_r < f_e , f_s > 0$

(c) 回転周波数＞商用周波数
$f_r > f_e , f_s < 0$

図5 商用周波数と回転周波数、すべり周波数の関係

　回転子に三相の巻線を巻いているため、二次励磁装置からは3つのスリップリングで励磁電流を流しています。

　商用周波数 fe と回転周波数 fe、すべり周波数 fs の関係は、$fe = fr + fs$ であり、すべり周波数 fs を変化させることにより、回転周波数 fr を変えて運転することができます（**図5**）。

　二次励磁装置が流すすべり周波数の励磁電流によって発電電動機の回転子に接続されているポンプ水車の回転速度を制御できるため、発電電力、揚水電力（蓄電電力）を高速に制御することができます。そのため、電力系統中で余剰電力が発生する状態では系統の周波数は上昇、不足電力状態では系統の周波数は下降しますが、可変速揚水発電電動機の電力を調整して、系統の周波数を一定に保つ運転が行われています。

3.1　火力発電

　火力発電は水をボイラーで蒸気にしてタービンを回し、蒸気タービンの回転力で発電機を回転させて電力を得ます。タービンを回転させた蒸気は復水器を通して海水で冷却して水に戻し、再度ボイラーに通して蒸気にするサイクルを継続します（**図6**）。

　また、燃料を天然ガスとして燃焼ガスでタービンを回すガスタービン発電もあります。

　火力発電は、燃料の量を変えることで発電量を調整することができるの

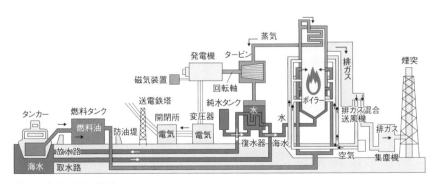

図6　火力発電の構成

で、時間帯によって変動する電力消費に対応して発電量を調整し、系統周波数を一定に保つ役割を持っています。

3.2　コンバインドサイクル発電

　コンバインドサイクル発電は、火力発電の一つで、ガスタービンと蒸気タービンを組み合わせて二つの回転力で発電します。天然ガスなどの燃料を燃やして千数百℃にもなる高温ガスを発生させ、ガスタービンを回して発電します。ガスタービンを通ったガスはまだ数百℃の温度があり、ボイラーに通して水を蒸気にすることで蒸気タービンを回して発電します。ガスタービンと蒸気タービンの二つが発電機を回して電力を得ることができ、燃焼によるエネルギーをより多く電力にすることができます。通常の火力発電の熱効率は40％程度ですが、コンバインドサイクル発電は60％程度と効率が高く、排熱が少ない火力発電として環境に優しい発電システムです。

　図7はガスタービンと蒸気タービンの回転軸が一つの発電機に繋がった一軸方式の図で、コンパクトな構成が特徴です。また、ガスタービン用と蒸気タービン用に別々に発電機を設けた二軸方式もあります。複数台のガスタービンの排ガスを集めて、より大きな蒸気タービンで大容量の発電機

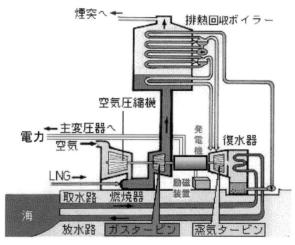

図7　コンバインドサイクル発電の構成

を回すことができ、発電の熱効率を上げることができます。

4.1　パワエレを用いた励磁装置

　図8はサイリスター励磁方式と呼ばれる発電機の構成図です。サイリスター整流器によって三相交流を直流に変換し、回転子の界磁を励磁します。サイリスター整流器の例を図9に示します。

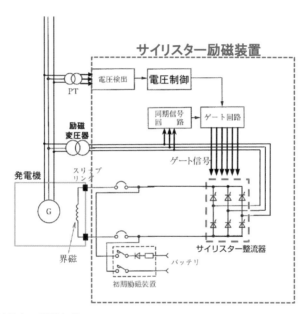

図8　サイリスター励磁方式

◆サイリスター整流器の出力電圧

Vdc　1.35・（√3Vs）・cos a － 0.955XId

Vdc：直流電圧（V）

Vs：整流器用変圧器の二次相電圧（V）

　a ：サイリスターの制御遅れ角（deg）

X：整流器用変圧器のリアクタンス（Ω）

Id：直流電流（A）

サイリスター

　サイリスターは、1950年代に開発されたパワー半導体で、長い歴史を持ちます。数kVという高い電圧の回路をスイッチングすることができ、種々の新しいパワー半導体が開発されてきていますが、現在もよく使用されています。高電圧、大電流のサイリスターは**図10**のような円盤形の形状をしており、図中のリード線（ゲートと呼ぶ）に電流を流すことによって、この半導体はOFF状態からON状態になることができます。

　図9のサイリスター整流器は、このサイリスターのスイッチ動作によって、変圧器の交流電圧の一部を切り取って直流側のPN間電圧を作ることができます。**図11**に交流電圧波形の一部をスイッチによって切り取る動作を説明します。

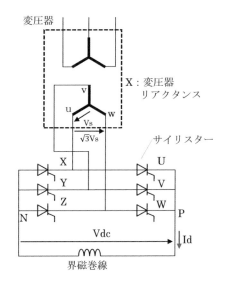

図9　サイリスター整流器

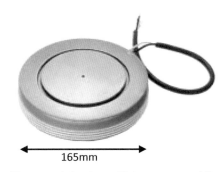

図10　サイリスターの例 (12kV, 1.5kA)[1]

　紫色のP側電圧に着目すると、u相電圧がピークになる少し前（横軸で70度の時点）にu相のサイリスターをONします。すると、若干の過渡現象を経て、u相の電圧がP側に導通します。その後、190度の時点でv相のサイリスターをONすると、P側の電圧はu相電圧からv相電圧に移ります。

　その次は310度の時点のw相のサイリスターをONする時点で、w相電圧に切り替わります。三相交流の電圧の位相を制御装置で検出しながら、

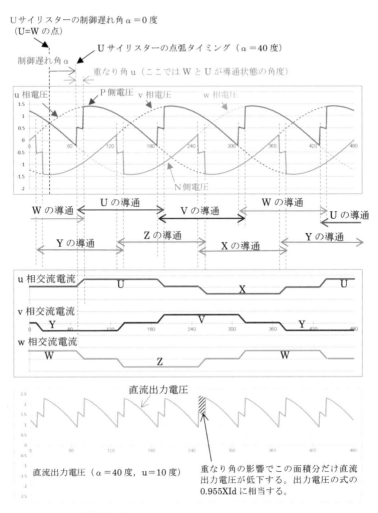

図11 サイリスター整流器の動作

図のように適切なタイミングでサイリスターをONしていくことで三相交流のプラスの部分をP側端子に出し続けることができます。

　逆に、X、Y、Zのサイリスターは、三相交流のマイナスの部分をN側端子に出し続ける（青色の実線）ことができますので、PN間電圧は、一番下の緑線のように、交流波形の一部の切り取りではありますが、平均的に

正の電圧が出て、直流側に接続されている界磁巻線に直流電流を流すことができます。

図11の動作は、サイリスター整流器の一例であり、サイリスターをONする位相を前に移動すると、より大きな直流電圧を出すことができ、逆に位相を後ろに移動すると、直流電圧が減少します。この位相の制御によって、発電機の界磁電流を所望の値に制御することができます。

電圧の切替わりの詳細

図11のサイリスターがONした電圧の切替わりのときの回路動作をもう少し詳しく説明しましょう。

サイリスターは、ゲート電流を流すとONするスイッチであると説明しましたが、ゲート電流を0にしただけではサイリスター自身ではOFFしてくれません。サイリスターはサイリスターに流れる電流を0にするとOFF状態になる性質があります。

図11のu相サイリスターからv相サイリスターに切り替わる190度の電圧の関係をよく見てみましょう。190度の部分では、v相電圧はプラスのピークになる少し前です。それに対して、u相電圧は0Vからマイナスに移行し始めています。

このタイミングでu相サイリスターのゲート電流は0、v相のサイリスターにON電流を流します。u相のサイリスターには直流電流Idが電流が流れていますが、ここでv相のサイリスターがONすることで、2個のサイリスターがONしている状態ができます。

v相の電圧はu相より大きいので、u相サイリスターは電流の流れる方向と逆方向に電圧がか

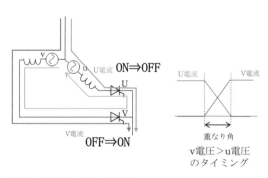

図12　サイリスターの転流

かり、u相サイリスター電流は減少し、v相サイリスター電流は増加してu相サイリスター電流が0になった時点でu相のサイリスターがOFF状態になります。

u相サイリスターに流れる電流が0になるとu相サイリスターに流れていた電流がv相サイリスターに移り変わったことになります。この移り変わりの期間はv-uの電圧差と変圧器を含む交流側のリアクタンスで決まります。このように通電している相から次に通電する相へ、電流が断続することなく電流が移り変わることを「転流」と呼びます。電流が移り変わる期間を角度で表示したものを「重なり角」と呼びます（**図12**）。

なお、図8は発電機の発電電圧から励磁変圧器を介して励磁電流を生成しているため、発電電圧のない発電機始動時にはバッテリーから初期励磁を行います。発電所内に別系統の交流電源を設け、励磁用の電源とする発電所もあります。

図13はブラシレス励磁方式と呼ばれる励磁装置で、回転する界磁と同じ回転軸に回転電機子（交流発電機）と回転整流器（ダイオード整流器）、

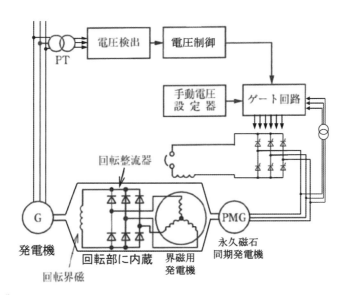

図13　ブラシレス励磁方式

さらに永久磁石を回転子とする発電機（PMG：Permanent-Magnet Generator）も組み込みます。発電機が回転すると永久磁石も回転するため、PMGの電機子から三相交流が発電されます。それをサイリスター整流装置で直流に変換して交流発電機の励磁電流を流し、回転電機子が励磁電流に従って三相交流を発電します。その交流を回転整流器で整流して発電機の界磁を励磁します。

　発電機の回転軸に接続する機器が多く、構成は複雑ですが、サイリスター整流方式に必要なスリップリングがなく、保守が容易であることが特徴です。

　本稿では、2種類の励磁装置について紹介しましたが、発電機で回転する運動エネルギーを電気エネルギーに変換するためには必要不可欠な装置です。また、単に定格電圧の交流を発電する一定電流を流す役割だけではなく、以下に説明する安定電力供給に重要な役割を持っています。

安定電力供給

　発電機によって発電された電力は、送電線を使って需要地に送電されます。電力系統には雷による送電線の短絡現象があり、短絡（系統事故という）時には送電線に大電流が流れます。電力会社は短絡点を自動で検知して短絡点を含む送電線を遮断器によって解列する保護装置があります。短絡点が除去（事故除去）されると、短絡電流は流れなくなり、元の状態に戻っていきます。

　この過渡現象は0.1秒程度と短いのですが、交流発電機にとっては大変大きな負荷動揺となります。系統事故中は、短絡した相の電圧は大きく下がり、送電線の送電能力が著しく減少し、同期発電機の発電電力が送電できなくなるため、回転子は加速しようとします。さらに、事故除去後は元の電圧に戻ろうとしますが、一度発生した過渡現象が元の定常状態まで戻る間、発電機の電圧、電流が振動します。この振動を安定に抑制できれば元の状態に戻りますが、振動が持続したり発散したりすると、発電機保護のために系統から解列することがあります。

この過渡現象の原因は自然現象の雷ですから、避けることはできません。こういった現象が発生しても、発電機が安定に元の状態に戻るようにする必要があります。その時に活躍するのも、発電機の励磁装置です。発電機電圧や発電機出力電力が動揺していることを検知して、動揺を抑制するように励磁電流を制御することで安定な発電機運転を可能にしています。

図14は、安定化制御の例[1]です。時間0.5秒のところで系統の事故により、発電機の電機子電圧が0.6pu（60%）以下に低下していますが、系統事故は0.1秒程度で除去されて電圧は元に戻っています。界磁電圧は通常の数倍の

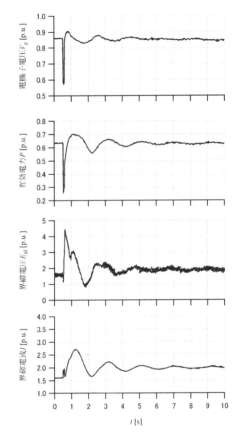

図14 系統事故時、事故除去後の安定化のイメージ[2]

電圧を過渡的に出力して、発電機の電圧を上昇させ、発電機の出力の動揺を数秒で収束させています。

また、発電機の安定化動作だけではなく、送電系統にも安定性を向上させる装置を入れることがあります。SVC（Static Var Compensator）あるいはSTATCOM（STATtic synchronous COMpensator）と呼ばれる無効電力補償装置です。

4.2 サイリスター起動装置

　サイリスター起動装置は、発電機の起動時に発電機を停止状態から同期速度まで加速し、発電機電圧と発電機が接続される電力系統の電圧の同期状態を判定して、発電機を電力系統に併入するものです。併入と同時に起動装置は発電機から切り離されて停止します。系統併入された発電機は、水力、火力など、それぞれの動力源から機械的回転力を得て発電します。

　図15はサイリスター起動装置の回路の例です。交流電源からコンバーターで直流電流を作り、インバーターで低い周波数の電流を発電機に流して発電機を停止状態から回転させ、次第に高い周波数に移行して商用周波数の回転速度まで加速させます。発電機は数百MWの発電能力を持つものが多く、その巨大な回転軸と、回転軸に接続されている水車やタービンを数分から数十分で起動させるため、起動装置も数MWの容量があります。

　図16は製品の写真例で、7MWの能力を持ちます。

　起動装置は、発電機が系統の電圧と同期するまで加速します。ガスタービン発電機は加速の途中からタービンを稼働して自己加速が可能なことから、起動装置を系統周波数まで使用せず、加速途中で解列する場合があります。これによって、起動装置の必要容量を削減することができます。

　図17は火力発電向けの起動装置（商品名「Static Frequency Convert-

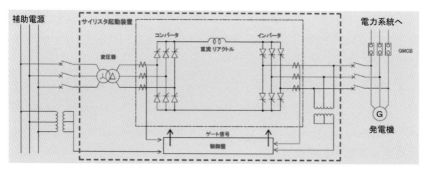

図15　サイリスター起動装置

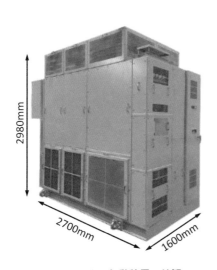

図16 サイリスター起動装置の外観

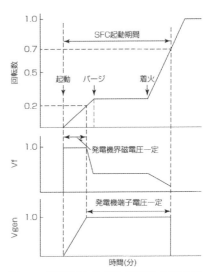

図17 起動装置（SFC）起動時の界磁電圧、発電機電圧[3]

er：SFC」）によるタービン発電機の起動時の動作[3] です。

　発電機の起動時には、回転速度の上昇に応じて発電機電圧も上昇します。発電機電圧がSFCの定格電圧に達すると、それ以上の回転速度では励磁電流を下げて発電機端子電圧を一定に保ちながら加速します。一定の速度に加速できると、火力タービンの着火準備に入ります。

　まず、タービン内の残留ガスを排気するパージ動作を行います。その後、ガスタービンを着火し、タービン自体も回転力を発生することができるようになります。起動装置とガスタービンによってさらに加速し、ガスタービンのみにて加速できる回転力が得られるようになると、起動装置は発電機から解列して停止します。ガスタービンにて系統周波数まで加速し、系統電圧と同期を取って系統に接続して一連の起動シーケンスが完了します。

▶▶ 単相交流と三相交流

　単相交流とは、二つの電線で電力を伝送する手段であり、図Aに単相発電の原理図を示します。

　回転する磁石（これを回転子といいます）の周りにコイルを巻いた鉄心（これを固定子といいます）を配置します。コイルの両端の電圧を測定すると、図の波形のように、正弦波の電圧が発生しています。

　図Bのように、回転する磁石のN極、S極がコイルに近づいたり遠ざかったりを繰り返すため、発生する電圧は回転運動を固定子のコイルの軸に射影した正弦波になります。磁石が一周期回転して元の位置に戻るまでを1サイクルといいます。1秒間に50サイクル回転すると50Hzの単相交流電圧が得られます。

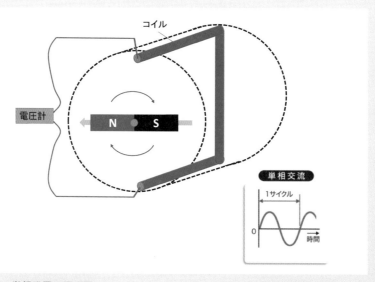

図A　単相発電の原理図

電圧計の代わりにランプを繋ぐと、コイルの電線に交流電流が流れ、ランプが光ります。このように、電線2本でランプや電熱線などを繋いで光や熱を人が必要なところで使うことができます。

図A、図Bは単相交流の場合を説明しました。円運動をする回転子はそのままにして、固定子のコイルを円筒状の鉄心に三組の巻線を配置したのが図Cです。図Cでは、固定子の巻線を簡単に丸印で代用し、

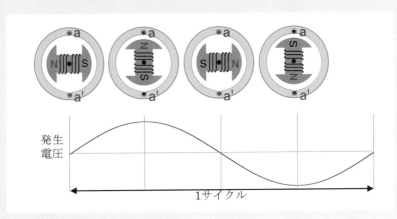

図B　回転子の動きと発生電圧波形

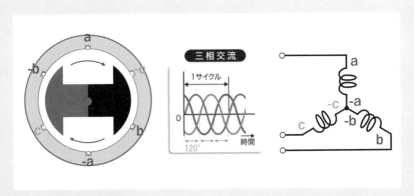

図C　三相発電の原理図

aの巻線は180°反対側の–aに接続されています。同様に、bの巻線は–bに、cの巻線は–cに接続されています。

　これら固定子の三組の巻線は互いに120度回転した位置に巻かれています。従って、回転子の磁石が回転すると、互いに120度位相がずれた交流電圧（三相交流）が発生します（図C（b））。

　三相のコイル電圧は120度位相がずれているので、三相の和は0です。そこで図C（c）のように三組の巻線の片方を短絡しても問題ありません。三相交流は単相交流と比べて三倍の電力を3本の線で送ることができ、単相の2本に対して効率が良く経済的です。

　世界の交流送電は、三相交流が基本となっています。家庭の電源は単相ですが、家屋の外の電柱に配線されている電線は三相です。電柱の柱上変圧器を使って三相から単相を作って家庭に引き込んでいるのです。

　わが国の交流電源は、50Hzと60Hzの2種類の周波数が使われていますが、それぞれ発電機の発電する電圧の周波数が50Hzまたは60Hzになるように回転子の回転速度を調整しています。図Cの回転子は1回転で交流電圧1サイクルが発電できます。従って、1秒間に50回転（1分間では3000回転）すると50Hzの電圧が出ます。60Hzの交流発電では3600回転になります。

【参考文献】

1) 三菱電機パワー半導体カタログ，＜一般用サイリスタ＞FT1500AU-240

2) 発電機励磁系の仕様と特性調査専門委員会編，「発電機励磁系の仕様と特性」，電気学会技術報告　第1443号，2019年2月.

3) 片岡など，「火力発電所向け交流界磁ブラシレス励磁システム」，『三菱電機技報』，Vol.90，No.11，pp.28-32，2016年11月.

直流送電と無効電力補償装置

〰〰〰

　日本では、海底ケーブルを使った送電設備や周波数の違う地域間の送電設備で、直流送電が使われています。直流送電では、交流から直流に変換して送電し、受け手側で交流に変換して利用します。2-3-1では、直流送電に使われているサイリスターを用いた高電圧・大電流の変換装置について解説しています。サイリスター変換器による大電力の高速制御技術は、SVC（静止形無効電力補償装置）と呼ばれる交流電圧の安定化装置にも使われており、2-3-2で解説しています。2-3-3では、IGBTやIEGTというサイリスターとは異なる自己消弧形パワー半導体素子を用いた自励式直流送電の技術を紹介しています。交流系統に電源が無くても起動できるという特徴から、災害などによる停電時にも送電を継続できる特徴があります。2-3-4で紹介するSTATCOMは、GCT、IGBT、IEGTなどを用いた無効電力補償装置で、交流送電の電圧安定化や送電の安定性改善に用いられる装置です。

2-3-1 直流送電システム

ポイント

日本では、電力会社の間で海峡を越えて電力を送ったり、周波数の異なる地域間で電力を融通する場合に、直流送電システムが使われています。直流送電システムでは、送り手側で交流電力を直流に変換して送電し、受け手側では直流を交流に変換して系統に流します。ここでは、高圧で大電流の系統電力を効率よく変換する技術や装置、それを支えるパワーエレクトロニクス技術について解説しています。なお、直流送電には、つねに連系系統の交流電圧を必要とする他励式と、災害などで停電した場合でも自力で運転し交流電力を出力できる自励式があります。本項ではサイリスターを使った他励式について説明し、自励式については2-3-3で詳しく解説します。

直流送電の必要性

日本では、各家庭に100Vの交流で電力が送られています。その周波数は西日本が60Hz、東日本が50Hzです。これらの電気は、北海道、東北、関東、北陸、中部、中国、四国、九州、沖縄という地域ごとの電力会社が送電を担っており、それぞれが地域ごとの発電量の管理を行っています。それぞれの地域は、基本的に独立していて、電力は地域内の発電所でやりくりをしているのですが、夏場や冬期の急激な電力需要増大や災害時など、地域が管轄する発電所で電力がまかないきれなくなると、地域を超えて電力を融通し合います。これを担うのが、地域間の連系です。

隣接する地域同士、特に陸続きの場合は、電力を交流のまま融通し合う

ことができるのですが、融通する先が海を超えた遠距離の場合は交流での送電が効率的に行えず、困難になる場合があります。海底の送電は、海底ケーブルを使うことになるのですが、距離の長いケーブルに電圧の高い交流を流すと、途中で漏れる電流が大きくなり、他方に電力を効率よく送れないからです（コラム：ケーブルを流れる交流と直流の違い）[1]。

　そこで、使われるのが直流送電です。電力網に流れる交流の電力を、数百kVにまで昇圧し、数kAもの電力を電気ケーブルに送り出します。直流は交流と違って電気ケーブルでの電流の漏れはないので遠くまで送れます。日本では、北海道と東北を結ぶ合計900MW、関西と四国を結ぶ1400MWの設備に海底ケーブルが用いられています（**図1**）。中部と北陸は、もともと関西と交流系統で結ばれており、新たに中部と北陸を交流でつなぐとループ回路ができてしまい、電力潮流（電力の流れ）の調整が困難になるという問題がありました。そのため、直流送電が利用されています。

　地域間の連系において、直流送電が必要な場所は海底ケーブル以外にも

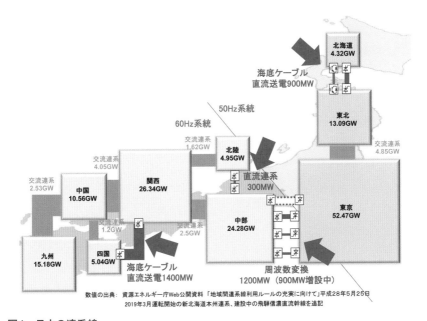

数値の出典： 資源エネルギー庁Web公開資料 「地域間連系線利用ルールの充実に向けて」平成28年5月25日
2019年3月運転開始の新北海道本州連系、建設中の飛騨信濃直流幹線を追記

図1　日本の連系線

▶▶ ケーブルを流れる交流と直流の違い

　ケーブルは、中心の導体（心）の周囲に紙などの絶縁体、さらにその周囲に導体のシールドが巻かれた構造になっています。つまり、同心円方向に見ると、導体-絶縁体-導体という構造になっており、この間ではコンデンサーが形成されます。交流電流は、コンデンサーを流れるため、ケーブルに交流を流すと、同心円方向に電流が流れ漏れていってしまいます。一方、直流電流はコンデンサーを流れないため、この問題は発生しません。

　発電所から延びる架空電線や電柱の電線などは、大地との間の浮遊容量が小さいので、この問題は起こりにくいです。

▶ ケーブルは導体と導体との間に絶縁体があり、コンデンサと同じ構造である。
▶ 交流電流はコンデンサを流れる。
▶ ケーブルの距離が長くなると、コンデンサの容量が大きくなる。
▶ 電圧が高くなると、漏れる電流が増加する。
▶ 交流送電では漏れる電流が増加し、受電側に届かない。

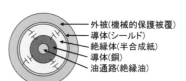

外被（機械的保護被覆）
導体（シールド）
絶縁体（半合成紙）
導体（銅）
油通路（絶縁油）

電力ケーブルの断面構造（概略）

▶ 直流電流はコンデンサを流れない。
▶ 直流電流は漏れないので、送電側から受電側に電流が届く。

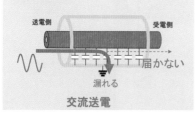

交流送電

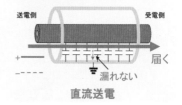

直流送電

図A　ケーブルを流れる交流と直流の違い

あります。それは西日本（60Hz）と東日本（50Hz）のちょうど境目となる連系部分です。ここでは一度直流にして送り、受け取った側でその地域の周波数に変換するということを行っています。周波数変換設備は、一般に、それぞれの周波数用の変換器が同一の変換所内に設置され、直流リアクトルを介して接続される構成が採られるので、直流送電線はありません。

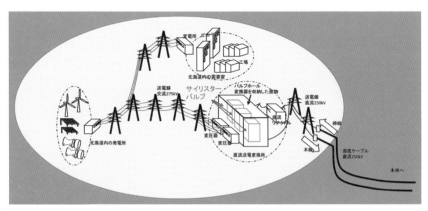

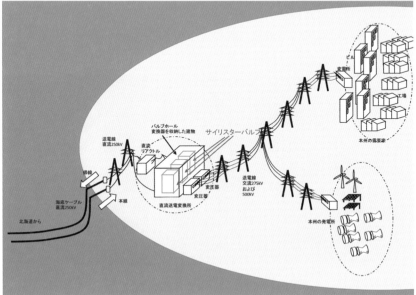

図2　直流送電システムの概略

ただし、現在建設中の飛騨信濃直流幹線は、50Hzと60Hz間の連系線ですので、周波数変換に加え、直流送電線で長距離送電を行う設備であり、国内では初めてとなります。

直流送電のシステム

　直流送電のシステムの構成は、簡単には次のようになります（図2）。まず、送電側では電力系統の交流電力を直流送電変換所で直流に変換して、直流送電線に送り出します。受電側では、直流送電線から流れてきた高電圧の直流を直流送電変換所で交流に戻して、電力系統に流します[2]、[3]。

　例えば、北海道と本州の間の直流送電システムでは、北海道の発電所で作られた電力が、需要家向けの系統から分岐した交流275kVの送電線を通って直流送電変換所に送電されます。直流送電変換所にはサイリスターバルブと呼ばれる装置があり、ここで直流250kVの電圧に変換されます（図3）。

　この電力は、陸上の送電鉄塔と架空線を通して送られ、海に入るところで海底ケーブルに接続され、海を渡ります。本州側では海底ケーブルから再び架空線に接続し、直流変換所に送りこまれます。変換所ではサイリス

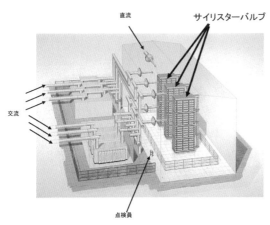

北海道本州第2極のサイリスターバルブ
300MW-250kV-1200A
光直接点弧サイリスター　6kV-2500A
高さ11.5m　質量38.5トン　四重バルブ構造

図3　直流送電変換所の内部

ターバルブを通して直流電力を交流電力に変換し、交流送電線に電力を出力します。

　本州では275kV送電線あるいは500kV送電線を通して本州の需要家に送られます。この際、本州の発電所からの電力と合わさって送電されます。なお、直流から交流、交流から直流に変換するサイリスター変換器は、送電側と受電側は同じ回路で実現されており、直流電圧の＋－を反転させれば、本州から北海道に送電することができます。

　サイリスター変換器で、交流を直流にする場合は、位相が120°ずつずれた三相の交流の電圧が、それぞれ正になったときを狙って切り出し合成して、直流を得ます（図4）。ただし、こうして合成した直流には、高い周波数の波（高調波）が乗っているので、ケーブルに流す前にこれをフィルタリングします。フィルターには、主にリアクトル、いわゆるコイルが使われます。

　一方、直流を交流に変換する場合は、直流から120度ずつ位相がずれた3組の矩形波を得て、これを交流系統の三相に、分配して出力します（図5）。ただし、矩形波を平滑にするため、交流フィルターに通されます。

　交流-直流変換でも、直流-交流変換でも、電流をオンオフするためのス

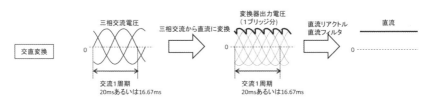

図4　交流電圧から直流電圧の取り出し方

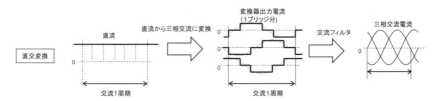

図5　直流から交流を得る方法

▶▶ 大電流を流すパワー半導体の構造

　パワー半導体は、シリコンウェハの厚み方向にp層、n層などが形成され、スイッチング機能を実現しています。このような構造にすると、電流を流す面積が大きくとれる、オフ状態ではシリコンウェハの厚み方向の耐電圧特性により高電圧に耐えられる、など大電流、高電圧を扱うことができます。大電流を扱うのでパッケージの端子には、板状の導体、あるいは、多数の導線で接続されます。一般の半導体は、複数の半導体素子の間で、低電圧・微小電流の電子信号を受け渡すのに都合が良い構成として、シリコンウェハの表面にp層、n層の小さい領域を作り、平面方向に接続して大規模な電子回路を構築しています。

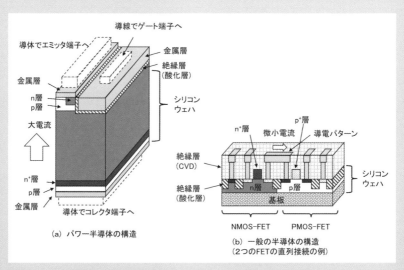

図B　パワー半導体と一般の半導体

イッチが必要で、ここにパワーエレクトロニクスが使われるのです。

直流送電システムの特徴

　直流送電システムで行われている、交流を直流にしたり、電圧を変換したりする機能は、スマートフォンの充電器など、身の回りの様々な電気機器にも組み込まれている基本的なものですが、電力向けは大電力を扱うため、とにかく大規模で大がかりなものです。具体的には、(1) 超高電圧大容量、(2) 超高電圧パワーエレクトロニクス技術、(3) 大規模な装置、(4) 超高電圧水冷技術、(5) 耐震技術、(6) 高度な制御技術、があります（**表1**）。

　まず (1) の超高電圧・大容量ですが、電圧は数百kV、電流は数kAにもなります。つまり出力としては、数百MWを扱うことになります。

　これに対応するため、(2) の超高電圧のパワーエレクトロニクス技術が不可欠になります。パワー半導体1つ当たりの定格電圧は数百〜数千V、定格電流は数百〜数千Aにもなり、これらを数十個、直列にして使います。

　大量のパワー半導体を接続するため、(3) 大規模な装置が必要になります。直流変換の中核を担うサイリスターバルブは3階建てのビルに相当する高さ10m以上、重さは数十トンもあります。

　サイリスター変換器の効率は99%以上と高いのですが、扱う電力が巨大

表1　直流送電システムの特徴

項目	キーポイント
超高電圧大容量	超高電圧：数百kV　大電流：数kA
大規模な装置	重量：数十トン　高さ：十数m
超高電圧パワーエレクトロニクス技術	パワーデバイスを数十個直列（電圧均等化） パワーデバイスの冗長化による高信頼化 高電圧用光ファイバーによる信号絶縁
超高電圧の水冷技術	冷却水の高純度化 超高電圧の絶縁配管
耐震技術	耐震シミュレーション技術 制振技術
高度な制御技術	1/1000秒以下の高速ゲート制御 交流系統の安定化のための有効・無効電力制御

であるため、1%の損失があるだけでも大きな熱を発生します（1MWの1%は10kW）。そこで必要になるのが、(4) 超高電圧用の水冷装置です（図6）。

　この冷却の際、特に重要なのが絶縁です。冷媒となる水は、グランド電位となる地面から、数百kVになるサイリスターバルブの間を循環するからです。ここで少しでも絶縁が崩れれば大きな熱が発生し、火災などの原因になってしまいます。

　そこで、循環する水にはイオン交換を用いて導電率を低く抑制した高い絶縁性を有する高純度の水を使います。また、冷却配管にも超高電圧がかかるため、絶縁性能の良い材料を選定して用いる必要があります。なお、変換器を循環する水は、熱交換器で冷却されます。ここでは、風冷あるいはクーリングタワーを用いる方法が使われます。

　直流送電は電力系統間を接続する重要な設備ですので、地震発生時も運転を継続する必要があります。そこで必要になるのが (5) 耐震技術です。サイリスターバルブの構造については、高度なシミュレーション技術を用い、耐震設計されています。海外では地面からの直接の揺れを受けないようにサイリスターバルブを建物の天井から懸垂した構成が用いられることがあります。

　(6) の高度な制御技術も重要設備である直流送電システムには必要です。

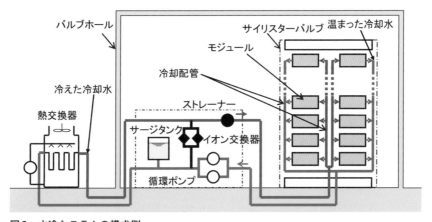

図6　水冷システムの構成例

具体的には、地域間の緊急融通などの際に間髪入れず電力を指令通りに制御できるようにする必要があります。このために高度なディジタル制御技術が適用されています。1/1000秒より速い高速制御を行い、直流電流、直流電圧を指令値通りに制御し安定な運転を行っています。制御装置は2重化されており、1台が故障してもシステムは運転を継続し、送電信頼性を保つよう配慮されています。2重化された制御装置間でも協調を取りつつ、超高速に応答する高度な制御技術が使われています。

他励式直流送電と自励式直流送電

　直流送電システムには、他励式と自励式の2種類があります。他励式は、直流電力から交流電力に変換する際、電力を受ける側の交流電圧が低いあるいは無いと、図5に示す直流電流を交流電流に切り分けて、三相交流を出力する変換動作が行えないという制約があります。自励式は直流送電ケーブルからの電力さえ得られれば動作する方式です。

　他励式の場合、受電側の電力系統がブラックアウトしてしまうと、変換動作が行えなくなるため、直流で電力を送電できなくなります。例えば、2018年9月に発生した北海道胆振東部地震では、地震発生直後、本州からは、直流送電で電力を送り、発電機の一部が停止して電力不足になった北海道を応援融通していました。しかし、他励式の制約から、しばらくの後、北海道側の交流電圧が低下した以降、電力変換することができず、この直流送電を生かすことができませんでした。

　他励式と自励式では、使われるパワー半導体が違います。他励式ではサイリスター、自励式はGTO（Gate Turn Off Thyristor）やIGBT（Insulated Gate Bipolar Transistor）、IEGT（Injection Enhanced Gate Transistor）などが使われます。大きな電力を変換する装置で最初に広く使われたのがサイリスターで、これは信号でオンすることはできるのですが、信号でオフすることはできず、パワー半導体に電気の流れと逆の電圧をかける必要がありました。この逆電圧をかけるため正負の電圧が交番する交流電圧が必要なのです。その後、GTO、IGBT、IEGTなどの信号でオフ

ができる自励式のパワー半導体が発明され、交流電圧に依存する必要がなくなりました。

　直流送電の場合、一般家庭10万軒分の電力である300MWという大電力を送電するので、電力損失が少なく、大きな電力を扱えるサイリスターの方を選ぶのが、今でも一般的です。ただ、これも時代と共に、変わっていきそうです。

　かつてのモーターは、インバーターにサイリスターを使用していました。インバーターは交流を生成することでモーターの回転数を制御する装置です。しかし、GTOやIGBTなど自励式のパワー半導体が発明されると、転流回路を省いて回路を簡素化し、かつ制御がし易い自励式のインバーターが一般となり、現在はこれが主流となっています。

　今後は新型パワー半導体の高電圧化、大容量化によって直流送電も、自励式が主流となっていくでしょう。実際、2019年には、北海道と本州の間に自励式直流送電が運転開始しました。

サイリスター変換器

　直流送電に使われるパワーエレクトロニクスの構成例として、サイリスター変換器を用いた設備の基本構成を図9に示します。サイリスター変換器は、サイリスターバルブ3つで構成されたものです。

　直流送電に用いられるサイリスター変換器の容量は非常に大きく、高電圧での送電となるため、サイリスターを多数直列に接続して構成されます。サイリスター変換器を構成するサイリスターを図7では簡単化のために1つのシンボルで表していますが、変換装置は図8に示すように多数のサイリスターから構成されています[4]。

　サイリスター変換器は、製作性の観点から、サイリスターを数個搭載したサイリスターモジュールを最小単位とし、これを直列に配置してサイリスターバルブを構成します（図9）。

　絶縁の観点から、モジュールをコの字型に並べ、これを縦に積むように構成します。4つのアームを一つの構造体に重ねて収納することから、

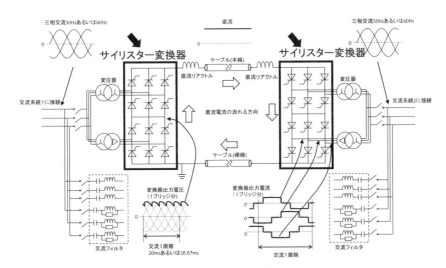

図7 直流送電設備の主要機器と各部の電圧電流波形

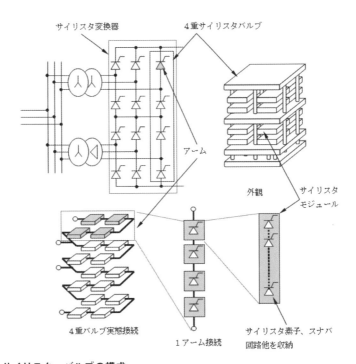

図8 サイリスターバルブの構成

これを4重バルブと呼びます。

4重バルブは、三相を形成するために、3つ用意され、これで1つの変換装置を構成します。実際の4重バルブの写真を図10に示します。ちょうど4重バルブが3つ並んでいるのが分かります。この設備の容量は、300MW、直流電圧250kVです。右下の白衣を着た人との対比から、直流送電には巨大なパワーエレクトロニクスが使われていることがわかります。

サイリスター

サイリスターは、アノード、カソード、ゲートの3つの端子を持つパワー半導体です。アノード端子の電圧がカソード端子の電圧より高い時に、ゲート端子にゲートパルス信号を与えると、ターンオンしてアノード端子からカソード端子に電流が流れます（**図11**）。一旦、電流

図9　サイリスターモジュールの例

北海道本州第2極のサイリスターバルブ
300MW-250kV-1200A
光直接点弧サイリスター　6kV-2500A
高さ11.5m　質量38.5トン　四重バルブ構造

図10　実際のサイリスターバルブの例

が流れ始めると、ゲートパルス信号がなくても電流が流れ続けます。

電流を切ってサイリスターをターンオフするには、外部回路により、カソード端子の電圧をアノード端子の電圧より高くする必要があります。サイリスター変換器では、交流電圧の正負が1サイクルの間に逆転することを利用し、カソード端子とアノード端子の電圧を逆転させて、ターンオフ

します。ターンオフ動作がパワー半導体の外部に依存するため、他励と呼ばれます。

　直流送電用のサイクリスタ変換器に使われるサイリスターとしては、直流送電では高電圧・大電流定格（数kV・数kA）の品種が用いられます。特に、直流送電では、光ファイバーでスイッチをオンできる光直接点弧サイリスター（光サイリスター）が選ばれます。光ファイバー自体が絶縁物で高電圧部位への信号伝達が容易であること、光を用いるため電磁ノイズの影響を受けにくいことが、採用される大きな理由です。

　一例として、8000V-2560Aの光サイリスターを**図12**に示します。このサイリスターの直径は約15cm、質量は約3.2kgです。プリント基板に搭載されるFETなどと比較すると、巨大なパワー半導体が直流送電では用いられています。

　サイリスターモジュールを構成するためには、サイリスターを直列に接続しなければなりませんが、その際、サイリスター間の電圧分担が等しくなるように設計し、接続します。サイリスターは、スイッチタイミングに応じてオンオフを行いますが、対策をしな

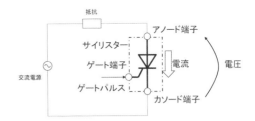

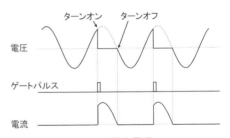

図11　サイリスターと動作原理

光ファイバー導入用の溝

8000V(V_{RRM})　2560A(I_{TAVM}　T_C=55°C)
直径　約15cm　質量　約3.2kg
図12　光直接点弧サイリスターの例（Infineon Technologies社製）

いと過渡状態においてサイリスターに加わる電圧が一定しないという現象が起こるからです。そこで、モジュールを構成する際、サイリスターだけではなく、リアクトル、抵抗器、コンデンサーなどを用い、電圧分担の均等化するように構成します。

ただし、サイリスターモジュールは、高電圧、大電流を扱うので、簡単には実験はできません。そのため、製品に限りなく近い応答を得られる高度なコンピュータシミュレーションを行いながら設計します。設計が完了すると、

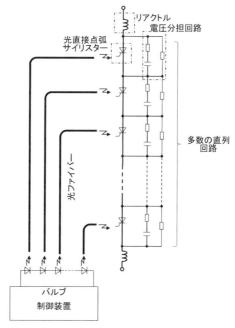

図13　多直列サイリスターと光システムによるバルブ制御

高電圧、大電流の試験設備により、サイリスターモジュールを実際にオンオフし、検証試験を行い、製品化を進めます。なお、直流送電ではサイリスターの直列数は余裕を設け、仮に1つのサイリスターが故障しても、変換器は運転を継続する構成とするのが一般的です。

サイクリスタ変換器を思った通りに制御するには、高電圧に設置された数十個のサイリスターを全く同時に制御する技術が必要です。その技術は、高耐圧光ファイバー、発光デバイス駆動、サイリスター状態監視などの高電圧パワーエレクトロニクスに特有な技術で実現されています（**図13**）。

▶▶ 他励式と自励式の回路の動作の違い

　サイリスターを用いる他励式の回路と、IGBTやIEGTを用いる自励式の回路の動作の違いにつき、簡単な回路を用いて比較してみます。実際にはこのような回路は使われないのですが、比較のために取り上げました。

　まず、サイリスターを使った他励式の回路に交流電圧がある場合について説明します。サイリスターにプラスの電圧がかかっているときに、ゲートパルスを与えるとサイリスターはターンオンします。これにより、抵抗に直流電圧と交流電圧の差の電圧がかかり、オームの法則により抵抗にかかる電圧に比例した電流が流れます。しばらくすると、交流電圧の極性（プラスマイナス）が反転して、抵抗にかかる電圧がゼロになるので、回路電流はゼロなります。サイリスターに流れる電流がゼロになるので、サイリスターがターンオフできる状態が作られます。ターンオフが可能な状態が、サイリスターの外部の他の回路により作られるので、他励式と言われます。

　次に、交流電圧がない場合について説明します。サイリスターにはプラスの直流電圧がかかっていますので、ゲートパルスが与えられるとオンして電流が流れます。しかし、抵抗には直流電圧がかかったままなので、回路電流は流れたままになり、いつまでたってもサイリスターはターンオフできません。したがって、交流電圧がない場合は、サイリスター回路はターンオフができず、回路の電流を制御できなくなります。

　さて、サイリスターの代わりにIEGTを使ったらどうなるでしょうか。まず、交流電圧がある場合について説明します。IEGTはゲート端子にプラスの電圧をかけるとターンオン、マイナスの電圧をかける

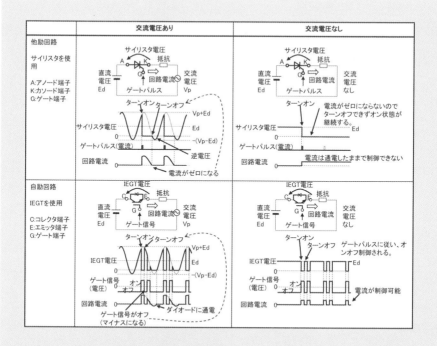

とターンオフします。回路電流が流れている状態でも、ゲート端子に
マイナスの電圧をかけると電流を切ることができる機能があります。

　ゲート信号がプラスになり、IEGTがターンオンすると、抵抗に直
流電圧と交流電圧の差の電圧がかかり、オームの法則により抵抗にか

かる電圧に比例した電流が流れます。ここは、サイリスターの場合と同じです。しかし、ゲート信号がマイナスになると、IEGTは自分自身で電流を切れますので、電流はゼロになります。このときIEGTが直流電圧と交流電圧の差を背負い、抵抗にかかる電圧はゼロなります。ゲート信号がプラスになったりマイナスになったりすることに応じ、電流が流れたり切れたりします。このようにパワー半導体が信号に応じて、ターンオフが自分自身でできるので、自励式と言われます。なお、一般にIGBTやIEGTは逆並列ダイオードと共に用いられるので、IEGTにマイナスの電圧がかかろうとしたときには、このダイオードを通じて電流が流れます。

　IEGTを使った回路では交流電圧がない場合でも、ゲート信号のプラス、マイナスに応じてIEGTがターンオン、ターンオフして、回路電流を制御できます。

　IEGTを使った自励式変換器では、このような特徴から、変換器外部の電力系統側に交流電圧がない場合でも変換動作が可能です。変換器が交流電圧の源になって、変圧器や送電線に電圧を印加し、さらに、その先に負荷機器があれば、それに電力を供給できます。

【参考文献】

1）関根泰次編著、「大学課程　送配電工学（改訂2版）」オーム社、平成8年

2）町田武彦編著、「直流送電工学」東京電機大学出版局、1999年

3）パワーエレクトロニクスハンドブック編集委員会、「パワーエレクトロニクスハンドブック」オーム社、2010年

4）吉野、佐藤、「電力系統応用パワーエレクトロニクスの技術動向調査について」、1-S7-8、電気学会産業応用部門大会、2014年

SVC（静止形無効電力補償装置）

ポイント

SVC（Static Var Compensator）、または静止形無効電力補償装置は、サイリスターを使った高電圧スイッチを制御することで、リアクトルに流れる電流を調整したり、コンデンサーをオンオフしたりして、電気機器・設備から生じる無効電力による交流電圧変動を抑制するパワーエレクトロニクス装置です。従来の機械式スイッチと違い、サイリスターを使ったSVCは動作速度が速く、電力網で発生する電圧低下を効果的に抑制し、交流電圧を安定化できます。

　まずはじめにSVC（Static Var Compensator：静止形無効電力補償装置）が使われる交流送電システムの特性について説明し、SVCが交流送電の安定化にどのように役立っているかを説明します。

（1）交流送電による電圧降下

- 電気は発電所から送電線を通って、消費地のビル、工場、住宅などに送電されます。
- 電線にはインダクタンスという電気的な特性があり、交流電流が流れると図1に示すように、電圧降下が発生します。
- 電線には抵抗による電圧降下も発生しますが、周波数50Hzあるいは60Hzでは、インダクタンスによる電圧降下の方が大きいです。
- 電線のインダクタンスは距離にほぼ比例して大きくなるので、長い送電線では、発電所から消費地までの間で大きく電圧が降下し、消費地での

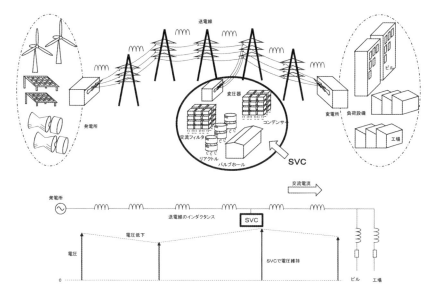

図1　SVCによる送電システムの電圧維持

交流電圧が低くなります。

（2）電圧降下により生じる問題

　夏や冬の冷暖房需要の増加を例にして説明します。

- 冷暖房需要が増えると送電線に流れる電流が大きくなり、消費地での電圧がますます低下します。
- 電力は電圧と電流の掛け算なので、電圧が低下すると電力は減少します。
- しかし、冷暖房機器は冷暖房の効果を維持しようとして、使う電力を変えないようにします。そのために、冷暖房機器の使う電流が増加します。
- そうすると、送電線を流れる電流はますます増加し、ますます電圧降下が大きくなります。
- このようにして消費地の電圧がますます低下するという悪循環に陥ります。
- 電圧が低下すると消費地の電気機器が所望の動作ができなくなるなどの障害が発生するおそれがあります。さらに、最悪の場合、停電に至る可

能性があります。

実際の送電システムでは、送電線の電圧降下に対し、発電所の送電電圧を調整したり、変電所に調相用コンデンサーを設置したり、変圧器の変圧比をタップで調整するなどの対策をしています。コンデンサーには電気的特性として、キャパシタンスがあります。キャパシタンスをインダクタンスに組み合わせると、インダクタンスによる電圧降下を抑制する特性があり、送電システムの電圧降下対策として用いられます。

しかし、調相コンデンサーの入り切りやタップの切り替えは、機械式のスイッチで行われるため、0.1秒〜秒程度の動作となります。上で説明した悪循環は、これよりも速く起こる可能性があるため、これらの機器だけでは対策としては不十分な場合があります。そのような場合に、高速で電圧調整ができるSVCが導入され、交流電圧の低下を抑制して電圧を維持し、交流送電の安定性向上に役立っています。そのほかに、交流系統で落雷などで送電システムの動きが乱れたときに、送電線を流れる電流の変動をSVCで制御することで、送電システムの安定化に役立っています。

SVC設備の例

100MVAクラスのSVC設備の例を図2に示します。SVCは送電線と接続するため、一般に変電所や開閉所と呼ばれる交流送電の施設に設置されます[1]。

- SVCを構成するパワーエレクトロニクス装置は、サイリスターバルブです。バルブホールと呼ばれる建物の中に設置されており外部からは見えません。
- 図2の例では、建物の外に、サイリスターバルブにより制御されるリアクトルが設置されています。
- そのほかの設備としては、サイリスターバルブがスイッチングすることで発生する高調波電流を抑制するための交流フィルター、交流送電線とSVCを接続するための変圧器などから構成されます。

100MVA級SVC設備全景　　冷却用熱交換器

**バルブホール内に設置された
サイリスターバルブ**

図2　100MVAクラスのSVC設備

■ サイリスターバルブは循環水冷されます。冷却水は、建物の外にある熱
　交換器で外部の空気に熱を逃がして冷やされ、再び、サイリスターバル
　ブを冷却します。

SVCの構成と特性

　SVCは、サイリスターを逆並列接続して交流スイッチを構成し、リアク
トルを流れる電流を制御したり、コンデンサーを入り切りします。その構
成例を**図3**に示します。リアクトル電流を制御する構成はTCR（Thyristor
Controlled Reactor）、コンデンサーの入り切りをする構成はTSC（Thyris-
tor Switched Capacitor）と呼ばれます。相間にリアクトルあるいはコン
デンサー、サイリスタースイッチを配置し、デルタ結線した構成が一般的
です。TCRに流れる電流は高調波成分を含むため、交流フィルターが設
置されます[2]。

　SVCは他励式直流送電と同様、サイリスターを多数直列構成したサイリ
スターバルブにより構成されます。その外観の一例を**図4**に示します。交
流送電システムに設置されるSVCの容量は、数百MVAの規模となります。
送電線の電圧は、数百kVですが、SVCは変圧器を介して設置され、SVC

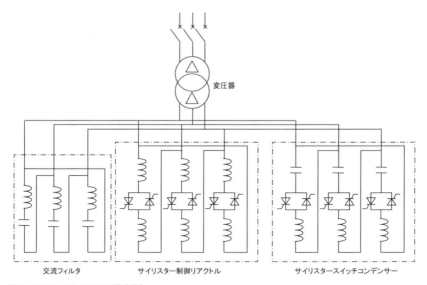

変圧器

交流フィルタ　　　　サイリスター制御リアクトル　　　　サイリスタースイッチコンデンサー

図3　SVCのシステム構成例

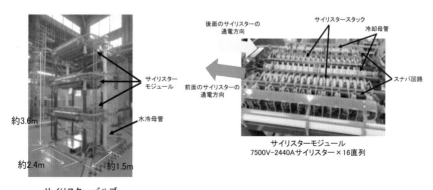

サイリスターモジュール

水冷母管

約3.6m

約2.4m　　　約1.5m

サイリスターバルブ
183MVA　25kV　2800kg

後面のサイリスターの
通電方向

前面のサイリスターの
通電方向

サイリスタースタック

冷却母管

スナバ回路

サイリスターモジュール
7500V-2440Aサイリスター×16直列

図4　SVCのサイリスターバルブとモジュールの例

の交流定格電圧は数十kV程度、電流は数kA程度の規模となります。

　図4の例では、183MVA、25kV-2440Aのサイリスターバルブを示します。高さは3m以上で大きな装置です。図4のサイリスターバルブは、三相のサイリスターモジュールを3段積みにして一つの構造体としています。

　SVCのサイリスターモジュールの特徴は、交流電流を流す必要があるの

で、図4に示すように、通電方向が逆向きの2つのサイリスタースタックを収納していることです。

SVCの動作

リアクトル電流を制御するTCRでは**図5**に示すように、交流電圧のゼロ点を基準にして、サイリスターをオンするタイミングを調整することで、リアクトルに流れる電流を調整し、無効電力出力を制御します。TCRのリアクトル電流は正弦波ではないため、交流フィルターが設置されます。交流フィルターは調相コンデンサーの役割を兼ねており、送電線の電圧を上昇させる方向の無効電力を出力します。

　一方、TCRの電流は送電線の電圧を下降させる働きの無効電力を出力します。フィルターの無効電力は一定ですが、TCRの無効電力は調整できます。交流フィルターの無効電力からTCRの無効電力を差し引くことで、SVC全体の無効電力を制御することができます。

　TSCのコンデンサー電流は正弦波であるため、交流フィルターは不要です。しかし、コンデンサーの電流は連続的に制御できず、**図6**のように、

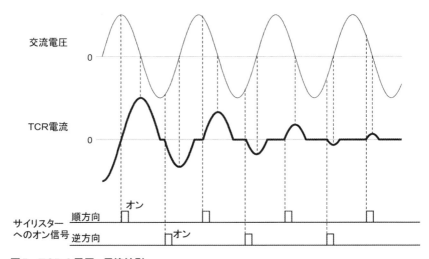

図5　TCRの電圧・電流波形

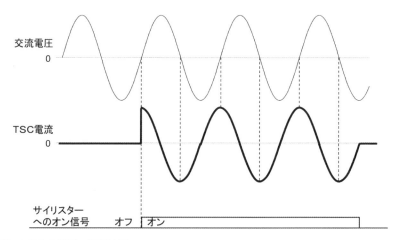

交流電圧

0

TSC電流

0

サイリスター
へのオン信号　　オフ　オン

図6　TSCの電圧・電流波形

　一定の交流電流を流すか流さないか、どちらかの状態しか取れません。これは、オンオフ制御と呼ばれます。TSCだけで、細かく無効電力を調整したい場合は、TSCを複数台設置して、オンする台数を制御することで、無効電力出力を階段状に制御することができます。これは台数制御などと呼ばれます。

　図3に示すように、TCRとTSCを組合せることで、無効電力の出力幅を広くとりながら、連続的に無効電力を制御できる構成も用いられています。TSCをオンするときは、TCRの無効電力出力をいったん大きくしてTSCの無効電力を打ち消し、その後TCRの無効電力を下げることで、協調して制御をします。

高電圧・大容量パワーエレクトロニクスを実現する技術
（1）高電圧・大電流サイリスター
　SVC直流送電には、高電圧・大電流定格（数kV・数kA）のサイリスターが用いられます。サイリスターの中でも、高電圧に適しているものとして、光で直接オンさせることができるものがあり、光直接点弧サイリスターまたは光サイリスターなどと呼ばれています。詳細は、直流送電のサイリス

ターバルブの説明を参照ください。

(2) サイリスターの多直列技術

　SVCに用いられるサイリスター自身の電圧も高いのですが、SVCシステムの電圧は、サイリスターの定格電圧よりはるかに高いので、このサイリスターを多数直列接続する必要があります。

　サイリスターを直列した回路では、サイリスター間の電圧分担が等しくなるよう注意する必要があります。詳細は、直流送電のサイリスターバルブの説明を参照ください。

(3) 多直列サイリスターの同時制御技術

　変換装置を思った通りに制御するには、高電圧に設置された数十個のサイリスターを全く同時に制御する技術が必要です。その技術は、高耐圧光ファイバー、発光デバイス駆動、サイリスター状態監視などの高電圧パワーエレクトロニクスに特有な技術で実現されています。詳細は、直流送電のサイリスターバルブの説明を参照ください。

(4) 高電圧変換器の水冷技術

　サイリスター変換器の効率は99％以上で高いのですが、扱う電力が巨大であるため、発生する損失は大きなものになります。この損失を効率よく冷却するため、水冷方式が用いられています。詳細は、直流送電のサイリスターバルブの説明を参照ください。

【参考文献】

1）電気学会技術報告第973号、"静止形無効電力補償装置の省エネルギー技術"、2004年

2）電気学会技術報告第874号、"静止形無効電力補償装置の現状と動向"、2002年

自励式直流送電

ポイント

自励式直流送電は、サイリスターを使用した他励式の直流送電システム（2-3-1）と異なり、自己消弧形パワー半導体を使用した直流送電です。自己消弧形素子は、電源電圧・電流の任意のタイミングでオンオフができるので、有効電力・無効電力の独立制御が可能となり、無効電力の補償のための調相設備や、高調波フィルターが不要となります。また、電源電圧による転流ではないため、接続する電力系統に対する制約事項が緩和され、比較的弱い電力系統や、洋上風力など系統電源がない場合にも適用できます。さらに、変換器そのものが交流電圧を出して電力系統を形成できるため、災害等で電力系統が完全に停電した時に、系統を順番に立ち上げる最初の電源となることができます。

　自励式直流送電は、変換器にIEGT（Injection Enhanced Gate Transistor）、IGBT（Insulated Gate Bipolar Transistor）、GCT（Gate Commutated Turn off）サイリスターなどの自己消弧形素子を適用した直流送電システムです。自己消弧形素子は素子に与えるゲート信号で電流を遮断（オフ）できるため、電源がない、または弱い電力系統でも運転が可能です。サイリスターを用いた他励式直流送電（2-3-1）に対する特徴を**表1**に示しました。

　自励式変換器は電源電圧によらず自らオンオフができるため、有効電力・無効電力の独立制御が可能です。そのため他励の直流送電で必要な無効電力補償のための調相設備が不要となります。また、電源1周期に複数回の

スイッチングを行うことにより正弦波に近い電圧を出せるため、高調波の低減を図ることができ、高調波フィルターの必要量を低減することができます。変換器を交流電圧供給源として運転することも可能で、例えば、大規模停電（ブラックアウト）の際に、発電機がすべて停止している電力系統を順次立ち上げるブラックスタートと呼ばれる作業において、最初に送電線に電圧を印加する電源として使用できます。

　初期の自励式直流送電用変換器の回路方式は、2-1「PV、風力、燃料電池」のところで説明した2レベルまたは3レベル（NPC）変換器や、それを変圧器で多重化した構成が使用されてきました。しかし、2003年にMMC（Modular Multilevel Converter）と呼ばれる回路の基本原理がドイツのMarquardtらから発表され、現在はその方式が主流となっています。2レベル変換器とMMCの回路方式を**図1**と**図2**に、動作原理の比較を表2に示します。

表1　他励式変換器と自励式変換器の特徴比較

項目	他励式変換器	自励式変換器
主な適用素子	サイリスター	IGBT、IEGT、GCTなど
直流部	リアクトル（電流源）	コンデンサー（電圧源）
交流フィルター	大規模なフィルターが必要	不要、または小容量
無効電力供給	不可	可
有効電力・無効電力の独立制御	不可	可
ブラックスタート	不可	可
設置系統の短絡容量	比較的大きい必要がある	比較的小さくても運転が可能

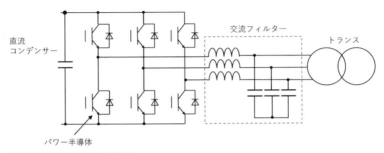

図1　2レベル変換器の回路構成

MMCでは、出力電圧波形のレベル数（段数）が、直列接続するセルの数だけ存在します。表2においては、簡単のために4段で説明しておりE/4が1ステップです。実際の装置では数十セル～100セルを超える場合もあり、電圧のステップ数を増やすことができます。その結果、ほとんど正弦波に等しい波形となり、2レベルで必要な高調波除去フィルターを不

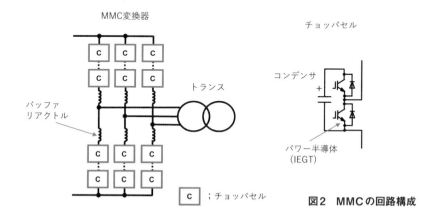

図2　MMCの回路構成

表2　2レベル変換器とMMCの比較
（新井、中沢、爪長：「HVDC用高電圧・大容量用マルチレベル変換器」、『東芝レビュー』、Vol.69 No. 4、(2014)）

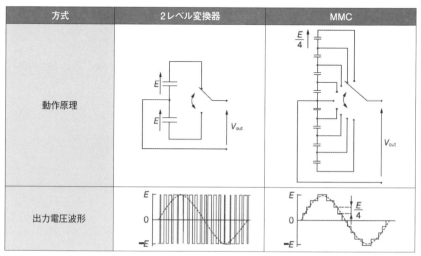

要とできる場合があります。また、2レベル変換器では、表2における出力電圧波形を得るためには、＋Eと－Eを切り替えるごとに、直列接続された全素子のスイッチングが必要となります。一方、MMCでは、レベル数（段数）が変わるタイミングで直列接続されたセルのうち1つのセルがスイッチングすればよく、個々の半導体のスイッチング回数が少なくてすみ、スイッチングに伴う損失の低減がはかれます。

　日本では、MMCによる自励式直流送電は、2019年3月に運用を開始した、北海道と本州を結ぶ3台目の直流連系設備である新北海道本州間連系設備に採用されています。

　新北海道本州間連系設備の送電ルートを図3に、システム構成図を図4に示します。北海道の北斗変換所で、交流を直流に変換し、北斗変換所から250kVの直流を架空線（鉄塔）で青函トンネル入り口まで送電し、津軽海峡は青函トン

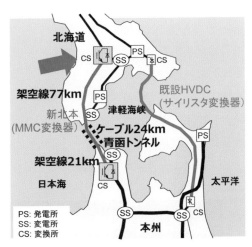

図3　新北海道本州間連系設備の送電ルート
北海道電力website　https://www.hepco.co.jp/network/stable_supply/efforts/north_reinforcement/index.html

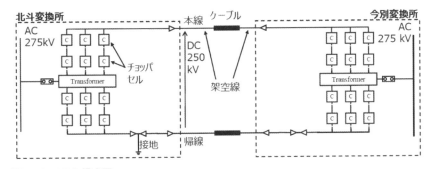

図4　システム構成図

ネルを利用してケーブルを敷設して渡っています。トンネルを出た地点から今別変換所まで架空線で送電し、今別変換所にて直流を交流に変換します。各変換所の変換器は多数のセルを直列接続して構成されるMMC変換器を採用しています。

新北海道本州間連系設備の主要諸元を表3に、北斗変換所のレイアウトを図5に示します。写真右側／交流開閉機器エリアで受電しバルブホール奥の変圧器を介してバルブホールに入力されます。バルブホール内の変換器で直流に変換され、直流開閉機器を経て、直流送電線に接続されます。本館には、制御装置や通信装置が収納されています。

将来、同様の連系設備を増強する

表3　新北海道本州間連系設備の主要諸元

項目	仕様
定格容量	316MVA
定格有効電力	300MW
定格無効電力	100Mvar
直流電圧	250kV
直流電流	1200A
連系点電圧	275kV
使用素子	IEGT 4.5kV-2100A
冷却方式	密閉循環水冷
直流送電線長さ	122km （架空線98km、 地中ケーブル24km）

図5　新北海道本州間連系設備配置
「東芝レビュー」、pp53、Vol.75 No.2、(2020)

分も含めて敷地面積はサッカーグラウンド4面分になります。

　図6にバルブの概略構造を示しました。バルブは大地との絶縁を確保する架台部分と、チョッパーセルを収納する本体部分で構成されます。設備合計では250kVもの高電圧が印加されるため、絶縁設計が重要です。絶縁が正しく確保されていることを確認するために、通常運転時に印加される電圧よりも高い電圧を規定時間印加して絶縁性能を確認する耐電圧試験を実施しています。表4に耐電圧試験の種類と電圧を示しました。絶縁架台には4種類、高圧側端子と低圧側端子の間には1種類の試験を実施しました。

　図7に、図5のバルブホール内に設置されている変換器の一部の写真を示します。図7の一つの構造体（バルブ）の高さは8mを超えます。緑色の支柱が絶縁架台で、FRP（Fiber Reinforced Plastics：繊維強化プラスチック）でできています。

上部の変換器部の質量を支えるとともに、床面（大地）と変換器（250kV）の絶縁を確保しています。銀色の手すり様のものに囲われている部分が変換器部で、中にIEGT（Injection Enhanced Gate Transistor）と周辺部品から構成

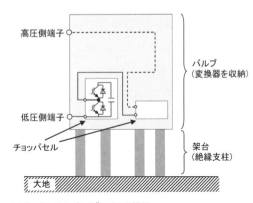

図6　IEGTバルブの概略構造

表4　耐電圧試験の種類

試験対象	電圧波形	印加電圧
絶縁架台	直流	+/- 342kV DC
	交流	278kV AC 50Hz
	開閉インパルス	+/- 590kVpeak
	雷インパルス	+/- 650kVpeak
極間	交流直流重畳	97kV DC + 69kV AC 50Hz（195kVp）

されるセルが収納されています。

HVDCは基幹系統に適用されるため、故障して停止すると電力系統の運用に大きな影響を与えます。そのため、一つの部品の故障では装置全体が停止することがないように冗長設計を行います。MMC変換器は、セルが多数個直列接続された構成であり、セルの部品が故障してもそのセルを短絡してバイパスさせ、全体への影響を排除し、残りのセルで運転継続できるように設計されています。そのためには故障時に確実にセルの短絡が継続できることが重要になり、Press Pack（圧接形）と呼ばれるタイプのIEGTを採用しています。

図7　MMCバルブ写真
『東芝レビュー』、pp53、Vol. 75 No. 2、（2020年3月）
https://www.toshiba.co.jp/tech/review/2020/02/
75_02pdf/3-4.pdf

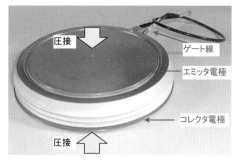

図8　IEGTの外観
柏木・伊村・川上・鈴木・三浦：「新北海道本州間連系設備に適用する自励式HVDC変換器の開発」
平成30年電気学会産業応用部門大会　1-52

IEGTの外観を**図8**に示します。圧接形IEGTは、半導体チップの両側から電極に圧力をかけて接触させる構造となっています。そのため内部の半導体チップに故障が発生しても、圧力により接触が維持されて電流が流れ、短絡状態を継続できる仕組みになっています。

新北海道本州間連系設備では、電力系統が完全に停電（ブラックアウト）した時に、電力系統に最初に電圧を印加するブラックスタート機能を備え

ており、実際の運用を想定したブラックスタート機能試験が実施されています。**図9**のオレンジ色の部分に試験系統を示します。実際の交流系統の一部の送電設備、近隣の火力発電機を用いています。試験結果を**図10**に示します。5秒かけて275kV送電線の電圧を徐々に立ち上げて送電線電圧を確立し、安定に運転することが確認されました。

　本機能により、系統のブラックアウトからの早期復旧が可能になると期待されています。

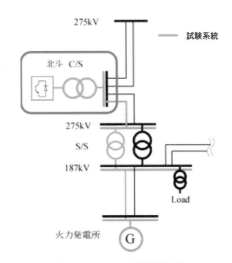

図9　ブラックスタート試験系統図
（出典：北海道電力ネットワーク株式会社殿提供）

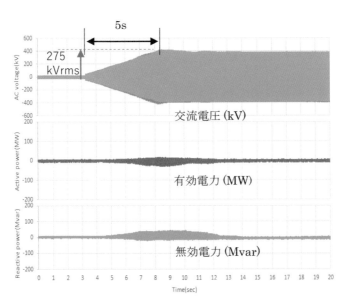

図10　275kV実送電線ブラックスタート試験波形
（出典：北海道電力ネットワーク株式会社殿提供）

STATCOM

ポイント

STATCOM（STATtic synchronous COMpensator）は、前々節（2-3-2）のSVC（Static Var Compensator）と同様に、交流送電システムの電圧降下などの電圧変動を抑制するために用いられる無効電力補償装置の一種です。STATCOMは自励式インバーターを用いています。SVCが用いるサイリスターは交流の1周期に1回オン、オフすることができますが、自励式インバーターに用いるパワー半導体はさらに高速で、1周期に複数回のオン、オフが可能です。この特徴を生かして、SVCに必要であった、交流フィルターをなくすこともでき、設備面積が小さくなります。SVCでは電力系統にコンデンサーやインダクタンスをサイリスターを介してオン、オフすることで送電システムの電圧の大きさを調節します。STATCOMに用いる自励式インバーターは交流の電圧源のような動作ができ、制御装置によって電力系統と同じ電圧を出したり、電力系統より高い電圧や低い電圧を出すことができます。

STATCOMは変圧器を介して電力系統に接続されており、STATCOMが電力系統より高い電圧を出すと、変圧器を介して電力系統の電圧を持ち上げる効果があります。これはあたかもSVCのコンデンサーが入った状態と同じになり、送電システムの電圧降下を抑制することができます。

送電システムは鉄塔の間を電線で繋いで、発電設備から電力を消費する需要地の負荷設備に送電されています（**図1**）。送電線は電線のインダクタ

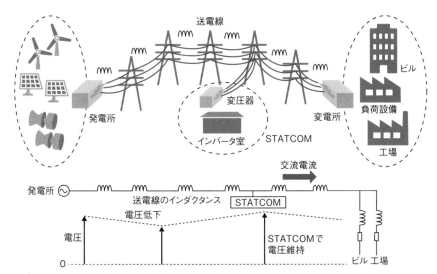

図1 STATCOMによる送電システムの電圧低下補償動作
インバーターが系統電圧より高い電圧を出力して系統電圧を上昇させる。

ンスの影響で負荷側に向かって電
圧が降下します。電圧降下が無視
できない場合、SVCやSTAT-
COMを送電線の中間に並列に接
続して電圧を持ち上げる動作をさ
せます。

　図2はSTATCOMのインバー
ター電圧と系統電圧のベクトル図

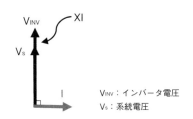

**図2 STATCOMのインバーター電圧と
系統電圧の関係を示したベクトル図**

です。インバーター電圧を系統電圧と同位相で振幅を大きく出力すること
で、連系する変圧器を介して系統電圧を持ち上げます。変圧器には90度
位相がずれた無効電力（電流）が流れます。

STATCOMの構成

1. 変圧器多重STATCOM

　図3に80MVAのSTATCOMの構成を示します[1]。自励式インバーター

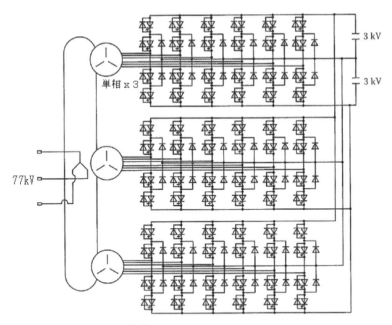

図3　80MVA STATCOMの構成

は、自己オン、オフが可能なパワー半導体を用いた電圧形3レベルブリッジ接続の3台の単位インバーターで構成され、単位インバーターはPWM（Pulse Width Modulation）制御されています。単位インバーター3台の出力を出力トランスで合成して、ひずみの小さな三相交流電圧で77kV系統に接続しています。交流側のフィルターは不要です。

　パワー半導体には大容量の6000V-6000AのGCT（Gate Commutated Turn-off）サイリスターを使用しています。電力変換器の制御は全てディジタル制御器

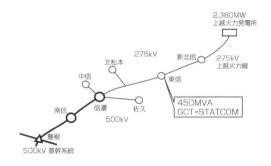

図4　東信450MVA-STATCOMの設置位置[2]

を用いて高性能な制御が行われています。

　さらに大容量のSTATCOMが275kV系統の安定化に使用されています。**図4**は中部電力東信変電所に設置されたSTATCOMを含む系統図です。上越火力発電所で発電される2GWを超える電力を名古屋方面へ送電する275kVの送電線の中間位置に設置されています。

　STATCOMは150MVAを1系として、3系で合計450MVA設置され、系統事故などで送電線が一部解放されたときにも系統電圧を安定化し、上越火力発電所からの電力送電を停止させないようにしています（**図5**）。

　STATCOMを構成するインバーターは、3レベルインバーターを7段変圧器で多重化したもので、世界最大級のSTATCOMです。**図6**に1系150MVAのSTATCOMの回路図を示します。

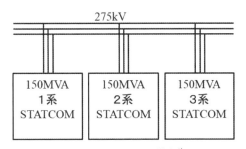

図5　450MVA STATCOMの構成[2)]

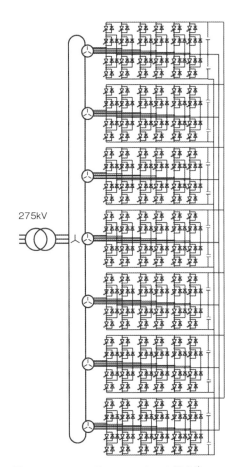

図6　150MVA 1系STATCOMの構成[2)]

2. MMC-STATCOM

　2000年代に入って、単相ブリッジインバーターを直列に接続して高圧インバーターとするMMC（Modular Multilevel Converter）方式の変換器が実用化されてきました。**図7**はその構成の一例で、Sub Module（またはcell）と呼ばれる単相インバーターをn台直列接続し、リアクトルを介してデルタ結線した構成となっています。図のSub Module同士でそれぞれON、OFFするタイミングをずらしていくと、全体としては正弦波に近い電圧を出すことができ、前節で紹介した多数段のインバーターを結合する多重変圧器が不要で、単純な三相変圧器で済ませることができます。

　図8はMMC回路をSTATCOMに適用した例で、125MVAの容量を持ち、115kV系統の電圧を安定化させる目的で導入されています[3]。この装置のパワー半導体は高圧IGBTが適用されています。

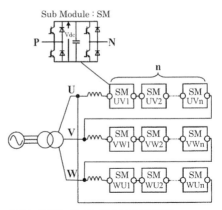

図7　MMC-STATCOMの構成例

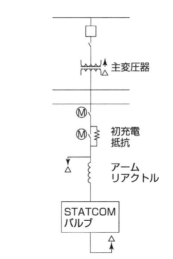

図8　MMC回路のSTATCOM適用例[3]

3. インバーターに使用されるパワー半導体：GCTサイリスター

　GCTサイリスターは、**図9**のような円盤状の形状をしており、円盤の上面から裏面に向かって流れる電流をON、OFFできます。円盤の外周部にリング状に形成されたゲート電極に**図10（b）**のよう

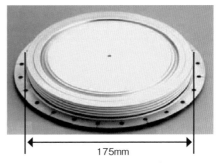

図9　GCTサイリスターの外観[4]

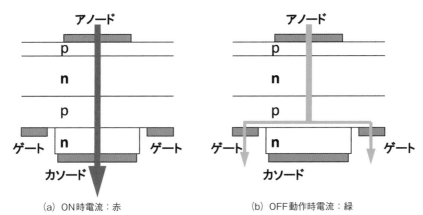

（a）ON時電流：赤　　　　　　　（b）OFF動作時電流：緑

図10　ゲート電流によるGCTサイリスターの電流遮断動作[5]

に電流を流すことで電流のON、OFFを制御できます。

　GCTサイリスターは**図10**のようにON時の電流をOFF時にゲートから100％引き抜くことで、数μ秒という短い時間でON状態からOFF状態に切り替えることができます。そのため、**図11**に示すように、GCTサイリスターに電

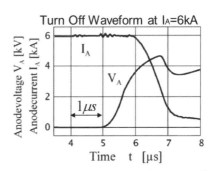

図11　GCTサイリスターのターンオフ動作波形

圧がかかり始め、電流が0に変化してゆく過渡時間が短く、パワー半導体に流れる電流とかかる電圧の積で発生する損失が小さいという特長があります。

　GCTサイリスターを用いた変換器の構成は、GTOサイリスター変換器と比べて、素子に並列に接続されていたスナバ回路が必要なく、変換器の損失がほぼ半減でき、コンパクトで損失の少ない変換器が構成できます。

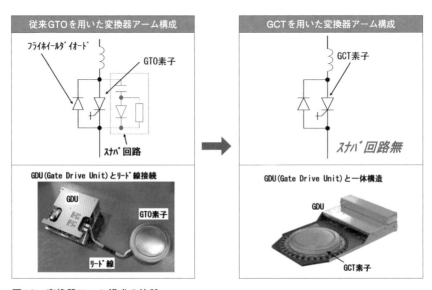

図12　変換器アーム構成の比較

▶▶ 三相交流とベクトル図

　2-2-1水力発電と火力発電の囲み記事で「単相交流と三相交流」を紹介しました。三相交流は3本の電線で電力を送電でき、単相交流による送電よりも効率的であることを説明しました。交流量を扱うときに煩雑なのは、波形が時間変化する正弦波であることです。しかし、その正弦波は周波数が50Hzまたは60Hzで一定です。また、簡単に三相交流の3つの交流は同じ振幅で位相が120°ずれていると考えます。そこで、交流の周波数、三相の位相ずれを既知として考えると、一本の矢印のベクトルで表すことができます。矢印の長さが電圧の振幅を表すことにします。そして、三相の電圧源を一つの交流電源の図で代表することにします（図A）。

　発電所から送電線を通じて負荷に電力を送電する場合、送り側の電圧をV1、負荷側の電圧をV2、送電線のリアクタンスをXとすると、図Bのような送電系統とその等価回路図を書くことができます。

　図Bの下部に示す等価回路にて、電圧V1、V2の間に送電線のリアクタンスXを介して電流Iが流れます。リアクタンスXの両端にかかる電圧は、流れる電流IのリアクタンスX倍 で90度 位相が進んでいます。電圧

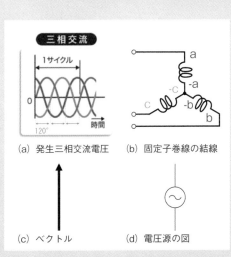

（a）発生三相交流電圧　（b）固定子巻線の結線

（c）ベクトル　　　　　（d）電圧源の図

図A　三相交流とベクトル図、代表する電圧源

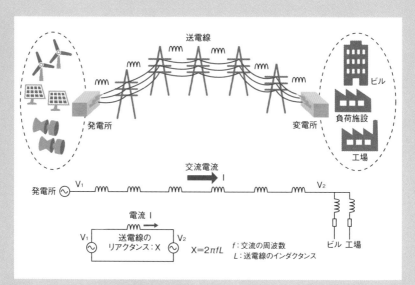

図B　三相送電の概略図と等価回路図

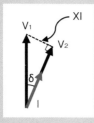

図C　電圧ベクト
ルと電流ベクト
ルの関係
（負荷側力率1.0）

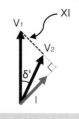

図D　電圧ベクト
ルと電流ベクト
ルの関係
（負荷側遅れ力率）

V_2と電流Iの位相差が0°、つまり力率1の関係だとすると、図Cのベクトル図が書けます。電圧V_1、V_2とリアクタンス間電圧XIで直角三角形が描け、送り側の電圧V_1がV_2より長く（電圧振幅が大きく）なります。送り側の電圧を基準として考えると、負荷設備側の電圧V_2が小さくなります。

また、負荷の電流が電圧に対して遅れる負荷状態であると、図Dのベクトル図になり、電圧V_2はさらに振幅が小さくなります。

【参考文献】

1）藤井など，「大容量高効率STATCOMの開発と運用」，平成17年電気学会全国大会，第6
分冊，pp.53-54，2005年3月

2）正城など，「450MVA GCT-STATCOMによる定態安定度向上技術及び系統過電圧抑制
制御」，『三菱電機技報』，Vol.87，No.11，pp.52-55，2013年11月

3）松田など，「FACTS適用による北米系統の安定化」，『三菱電機技報』，Vol.92，No.11，
pp.12-15，2018年11月

4）三菱電機パワー半導体カタログ，＜GCT（Gate Commutated Turn-off）THYRISTOR＞
FGC6000AX-120DS

5）山元など，「高耐圧・大容量GCTサイリスタとその応用」，『三菱電機技報』，Vol.71，
No.12，pp.62-15，1997年12月

直流遮断器

ポイント

洋上に大規模な風力発電施設を敷設し、陸上に送電する洋上風力発電
では、送電が長距離となる場合、コスト面で直流送電が優位となりま
す。その場合、洋上で風力発電の交流出力を直流に変換して、各ウィ
ンドファーム間を直流で接続し多端子構成にします。このような多端
子構成の直流線路で地絡事故が発生した場合に、多数の変換器が同時
に停止するのを防ぐため、地絡電流を切る直流遮断器が必要になりま
す。事故が発生した場合は、電流が増大する前にできるだけ速く直流
遮断器を切る必要がありますが、従来の機械式遮断器単体では物理的
な動きを伴うため高速化に限界があり、また、大きな直流電流を切る
ときにアークが発生します。そのために、最近は機械式遮断器とパワー
エレクトロニクスを組み合わせて、高速で低損失なハイブリッド型の
直流遮断器が開発されています。

　再生可能エネルギーの大量導入施策の一環として、洋上（海上）の大規
模な風力エネルギーを発電に使用し、陸上に送電する洋上風力発電が世界
各地で検討、実現されています。風力発電機が陸地から離れて送電が長距
離となる場合、送電損失と建設コストの面で交流送電よりも直流送電が優
位となります[1] [2]。そのため、洋上で風力発電の交流出力（AC）を直流（DC）
に変換して、各ウィンドファーム間を直流で接続して多端子（複数の変換
器が同じ直流系統に接続される）構成にすることが世界的に検討されてい
ます（**図1**）。適用する変換器は、発電が不安定で、かつ風力発電機しか

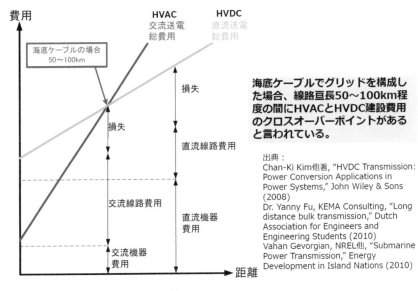

図1　交流送電と直流送電の費用比較
https://www.nedo.go.jp/content/100802281.pdf
NEDO　平成28年11月15日　スマートコミュニティ部成果報告

ない脆弱な系統でも運転が可能な自励式です。

　図2に洋上風力発電と直流多端子送電のイメージを示します。**図2**では、洋上に交流（AC）を直流（DC）に変換する変換器、陸上変電所に直流（DC）を交流（AC）に変換する変換器が設置されています。

　図3に直流線路で地絡などの事故が発生した場合を示します。地絡などが発生すると、その部分に向かって、大きな直流電流（地絡電流）が流れます。直流送電を行う電力変換器の送電制御の性能を確保するためには、直流電圧を一定値以上にする必要があります。**図3**に示す事故の場合に、その事故区間を高速に切り離さないと、直流電圧が低下し変換器は機能を失い、交流系統、直流系統に影響与え、他の多数の変換器の運転にも悪影響を与えます。それを防止するために、直流事故による大きな直流電流（地絡電流）を切る直流遮断器が必要になります。

　交流系統で一般的に使用されている機械式遮断器（物理的にスイッチを

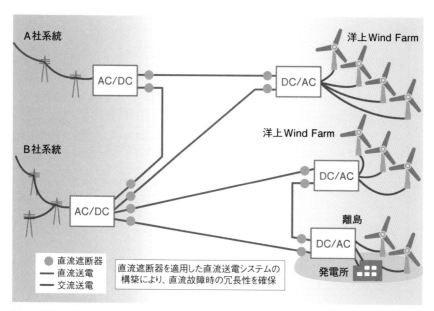

図2　洋上風力の直流送電のイメージ図

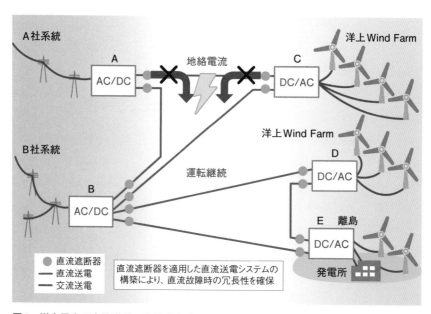

図3　洋上風力の直流送電の事故発生時のイメージ図

開くことで電流を切る）で電流を切る場合は、電流がゼロになるタイミングを作るか、または電流を切るために生じるアークを除去するなどの操作が必要になります。

地絡事故が発生した場合は、電流が増大する前にできるだけ速く直流遮断器で電流を切る必要があります。しかし、機械式遮断器単体では、物理的な動きを伴うため、高速化には限界があり、また、大きな直流電流を切るときにはアークが発生します。一方で、スイッチに自己消弧形の半導体を使うと、事故電流の遮断は高速にできますが、定常運転中は半導体に電流が流れるため、損失が発生します。

そこで、低損失な機械式遮断器と高速動作が可能なパワー半導体を組み合わせて、高速で低損失な直流遮断器が検討されています。

直流遮断器にはいろいろな方式がありますが[3]、その中の一つを以下に説明します。

図4に機械式のスイッチとパワーエレクトロニクス技術を組み合わせたハイブリッドDCCB（Direct Current Circuit Breaker：直流遮断器）の概略回路図を示します。また図5にその動作説明図を示します。図5では、

（a）定常時は低損失な機械式遮断部（断路部と遮断部）を経由して電流が流れます。直流地絡が発生すると、図4のリアクトルで電流の上昇が

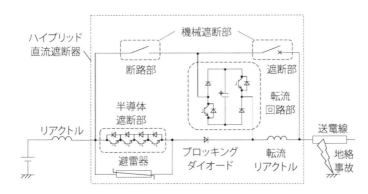

図4　ハイブリッドDCCB回路図[3]

抑制されながら、機械式遮断器を経由し地絡電流が増加します。

(b) 故障を検知し機械式遮断部を開極します。開極しただけでは電流は切れません。転流回路の半導体をオンしてコンデンサーを放電し点線の電流を流すことで、遮断部の電流を低減させます。

(c) 遮断部の電流がゼロになることで、アークが消えて、機械式遮断器の遮断が完了します。

(d) 半導体遮断部をオン、転流回路部をオフすると故障電流が半導体遮断部に流れます。

(e) 断路部の絶縁が回復するのを待ち、半導体遮断部をオフにします。半導体遮断部に並列に接続されているアレスターに故障電流が流れ、アレスターにエネルギーが吸収されて故障電流が減衰し、遮断動作が完了します。

パワーエレクトロニクス技術は、(b) の機械式断路部の電流を高速に低減させるためのコンデンサーの放電回路、および最終的な遮断のための半導体遮断部に適用されています。

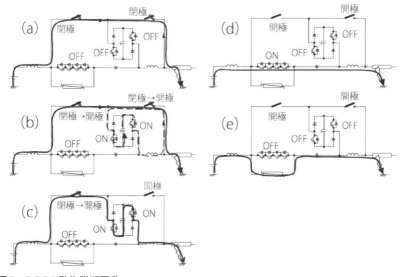

図5　DCCB動作説明図 [3]

図6に、40kVのハイブリッド遮断器の外観写真を示します。

試験において3.2msで半導体部の遮断を終了し電流が減衰していることが確認されました[4]。

図6　40kVのハイブリッド遮断器の外観写真

【参考文献】

1) NEDO　平成28年11月15日　スマートコミュニティ部成果報告（https://www.nedo.go.jp/content/100802281.pdf）

2) 真山修二：「多端子直流送電システムの経済性と便益性の評価手法の開発」、電気学会雑誌　137巻11号　pp.749-752　（2017）

3) 松本・飯尾：「大容量直流遮断器（DCCB）」電気学会雑誌　137巻11号　pp.757-780、2017年

4) 石黒他：「次世代洋上直流送電システム開発　その8①　－ハイブリッド直流遮断器の電流遮断試験—」、令和2年度電気学会全国大会　6-256、2020

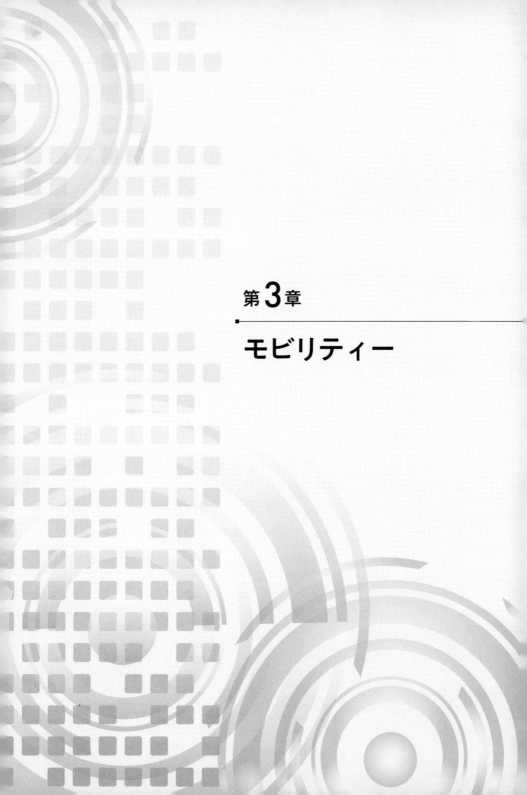

第 3 章

モビリティー

電動モビリティーの進歩とパワーエレクトロニクス

　パワーエレクトロニクスの進歩により、さまざまな電動車が実現されています。インバーターの高効率化、DC/DCチョッパーによる高電圧化などにより、モーターの小型化、車の効率アップも進んでいます。EVやプラグインハイブリッド車には、蓄電池から外部に電源を供給できるものもあり、災害時の電力供給に加え、電力系統の需給調整への活用が考えられています（3-2-1）。一般的な電鉄車両は、誘導モーターなどが使われており、モーターに交流電力を供給するインバーターに、パワーエレクトロニクス技術が使われています。インバーターによりモーターの加速、減速をきめ細かに制御できます。また、減速時にはモーターが発電機として動作し、発電した電力をき電システムに回生します（3-2-2）。直流き電システムは、電車が走るための電力を交流から直流に変換して供給するシステムです。交流から直流に変換する整流器や、電力を回生して交流に逆変換する設備、蓄電池に蓄える設備などについて3-3-3で解説しています。

3-1-1 電動自動車

ポイント

パワーエレクトロニクスは電力の形を自由に変換できるため、さまざまな構成の電動車が実現されています。さらに、インバーター自体の高効率化、DC/DCチョッパーによる高電圧化などにより、モーターの小型化、車の効率アップなどに貢献しています。また、駆動以外の部分でもパワーエレクトロニクスが多く採用されており、自動車全体の効率向上に貢献しています。電気自動車（EV）やプラグインハイブリッド車は、蓄電池から外部に電源を供給できる機能を備えたものがあり、災害時の電力供給に加え、電力系統の需給調整への活用が考えられています。その場合も、自動車の蓄電池と外部回路との電力授受にパワーエレクトロニクスが貢献しています。

　排気ガス削減、CO_2排出削減を背景としたさまざまな政策により、世界各国で電動車の導入が進められています。今後、電気自動車（EV）などの増加は目覚ましい状況と推測され、2035年には2018年に比べ約17倍近く増加、プラグインハイブリッド車も同等の増加率との予測が報道されています[1]。

　このように自動車の電動化が大きく進んでいますが、そこにはパワーエレクトロニクスが大きく役立っています。ここでは、主に大電力を扱うモーター・ドライブ・インバーターと、電動車と外部の電力システムを接続するためのインターフェースに使われるパワーエレクトロニクス装置を紹介します。自動車には、それ以外にターボチャージャーなどの補器にパワー

エレクトロニクス装置が使われており、自動車の燃費向上に役立っています[2]。

さらに、電気自動車は輸送分野のCO_2削減だけにとどまらず、再生可能エネルギーの導入拡大や災害時のエネルギー自給という観点からも注目されています[3]。

電動車の分類

モーターを駆動して自動車を動かす「電動車」には、4種類があります。モーターを回すエネルギー源が異なるもので、**図1**に模式図で違いを示しました[4]、[5]。

電気自動車：バッテリーに充電した電気エネルギーを使用。
ハイブリッド自動車：エンジンで発電した電気エネルギーを使用。

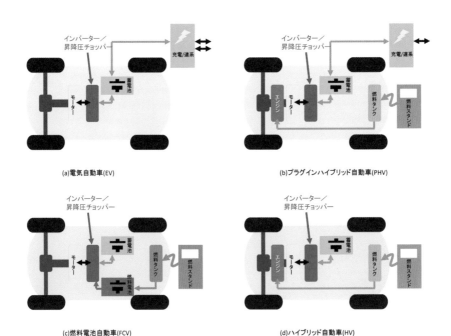

(a)電気自動車(EV)

(b)プラグインハイブリッド自動車(PHV)

(c)燃料電池自動車(FCV)

(d)ハイブリッド自動車(HV)

図1　電動車の種類

プラグインハイブリッド自動車：エンジンの発電に加えバッテリーの電気エネルギーを使用。

燃料電池自動車：水素をエネルギー源とし燃料電池により発電した電気を使用。

　これらの電動車の技術開発動向については、電気学会の自動車技術委員会が主催したシンポジウム論文[6]、[7]や複数の技術報告[8]があるので、詳細を知りたい場合は参考文献を参照してください。ここでは、どのようなパワーエレクトロニクスが車の電動化に役立っているかという観点で紹介します。なお、自動車にはタイヤを駆動する大電力のパワーエレクトロニクスのほかに、さまざまな補器を動かすためのパワーエレクトロニクスがあり、燃費向上などに役立っていますが、ここでは触れません。

電動車を動かすために必要なパワー

　自動車といっても、軽自動車からバスや大型のトラックなどさまざまなものがあります。これらの自動車を動かすためには、どの程度の大きさのパワーが必要なのでしょうか。

　市販されている乗用プラグインハイブリッド車では、エンジン出力が70k〜250kWに対し、モーター出力は60kWから100kW程度のものが搭載されています[9]。乗用車で最も大きな出力が必要な時は高速道路での加速で、40kW程度です[10]。バスやトラックでは、これより大きな出力が必要とされるので、自動車の電動化に必要とされるパワーエレクトロニクスの扱う電力は、数十〜数百kWの範囲になります。ちなみに、私たちの身近にあるモーター応用機器である家庭用洗濯機の電力は数百W程度です。これに対比すると、自動車の電力はたいへん大きなものであることがわかります。

　なお、日本では計量法により、エンジンの出力もkWで表すことになっていますが、馬力と併記されることが多いです。日本では計量単位令により、1馬力は1Wの735.5倍、つまり0.7355kWと定められています[9]。

自動車を駆動するためのパワーエレクトロニクス

電動車の中でもプラグインハイブリッド車には、自動車を駆動するためのすべての種類のパワーエレクトロニクスが備わっています。ここではプラグインハイブリッド車を例に取り上げ、電動車のパワーエレクトロニクスを紹介します[10]、[11]。

図2では、パワーの流れを矢印で示しています。ハイブリッドの方式には、パラレル方式、シリーズ方式などがありますが、ここではパラレル方式を仮定して説明します。

■ プラグインハイブリッド自動車のパワーの源の一つは燃料です。スタンドで給油し、タンクに蓄えます。

■ タンクから燃料がエンジンに供給され、燃焼時の機械的なパワーでエンジンが回転し、車輪を駆動します。

■ プラグインハイブリッド自動車のもう一つのパワーの源は、蓄電池に蓄える電力です。外部の充電装置から充電されます。

■ 蓄電池の直流電力がインバーターにより交流電力に変換され、モーターを動かし、車輪を駆動します。

■ ブレーキをかけるとき、車輪の回転を減速させながらモーターは電力を

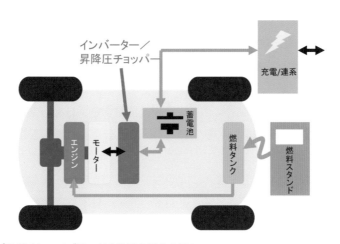

図2　プラグインハイブリッド自動車の電力の流れ

回生発電します。発電した電力はインバーターにより直流に変換され蓄電池に充電されます。また、エンジンを原動機としてモーターが発電し、インバーターを介して蓄電池に充電します。

■ モーター、インバーター、蓄電池の間のパワーのやり取りは双方向になります。

■ 適切なインターフェースを設けることで、蓄電池を充電するだけでなく、蓄電池の電力を外部に供給できるので、蓄電池と外部の系統とのパワーのやり取りも双方向が可能となります。

　自動車を走らせるための大電力を扱う回路は、次のようなものがあり、パワーコントロールユニット（Power Control Unit：PCU）に収納されています。

a）モーター駆動用インバーター

　モーターを駆動するために、直流電力を三相交流電力に変換する数十～数百kWの大容量インバーターです。図3に電気自動車の駆動に重要な蓄電池とインバーターの一般的な回路構成を示します。

　自動車のパワーエレクトロニクスへの主な要求事項は、コンパクト化と

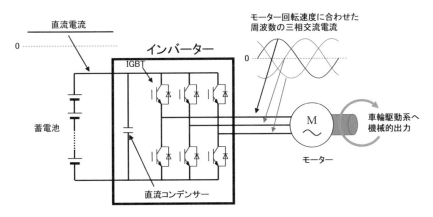

図3　インバーターによるモーター駆動回路

冷却高効率化などですが、性能向上のため、日々新しい技術が開発されています。自動車のスピードを制御するには、タイヤを駆動するモーターの回転速度を制御しますが、モーターの回転速度は最終的にはインバーターの出力する電圧の周波数に比例します。インバーターの出力はCPUなどのディジタル回路、センサーやアンプなどのアナログ回路を搭載した制御回路で制御しています。この制御回路で、運転者からの速度要求をアクセルを通じて受け、あるいは、昨今では自動運転システムからの指令で、モーターの回転速度を加減し、自動車の速度を制御しています。

b）発電機電力変換用インバーター

　ハイブリッド自動車では、エンジンを原動機として発電機を回し交流電力を得ることができます。この交流電力を直流電力に変換し、蓄電池を充電したり、電動機に電力を供給します。ハイブリッド自動車では、発電機がモーターとしても機能するものもあります。この場合、発電機のインバーターは発電機をモーターとして駆動するインバーターとして動作します。1つのインバーターで、交流から直流、直流から交流への電力変換が自在に可能です。なお、交流から直流への変換を行うものは、コンバーターと呼ばれることがあります。

c）昇圧コンバーター

　モーターを小型軽量化するためには、電圧を数百Vと高くし電流を小さくする構成が取られます。電流が小ければモーターの巻線が細くなる、数百V程度なら絶縁材料がかさばらないためです。モーター電圧が高いとモーター駆動用インバーターの直流電圧を高くする必要があります。一方、蓄電池の電圧は低いので電圧を変換する必要があり、昇圧コンバーターが用いられます。交流の電圧変換は変圧器で行われますが、直流で電圧変換をするにはパワーエレクトロニクスが必要となります。

　なお、「昇圧」と呼ばれていますが、発電機からの電力を蓄電池に充電する際には降圧動作を行うので、実際には昇圧・降圧の双方向の動作が可

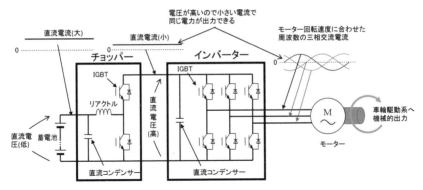

図4　DC/DCチョッパーを搭載したモーター駆動回路

能なDC/DCチョッパーと呼ばれる回路が用いられています。回路を**図4**
に示します。

自動車と外部の電力授受のためのパワーエレクトロニクス

　プラグインハイブリッド車では、a）〜c）に加え、外部から蓄電池へ充
電する機能、蓄電池から外部へ電力を供給する機能が備わっています。長
時間かけて蓄電池を充放電するためのものなので、瞬間的なパワーが必要
なモーター駆動用インバーターに比べると電力は小さいものです。

d）車載充電器

　プラグインハイブリッド車では、家庭用のコンセントからも充電できる
よう、交流から直流に電力変換し、蓄電池を充電するための充電器が搭載
されています。一例として、AC100VからAC240Vに対応した車載充電器
があります。

e）外部電源供給システム

　昨今の地震・台風などの災害経験から、自動車から家庭への電力供給へ
の要求が高まっています。車載蓄電池あるいは発電機からの電力を家庭で
使えるように変換する回路を備えた自動車が市販されています[12]。自動車

から家庭への電力供給は、V2H（Vehicle to Home）と呼ばれます。パワーエレクトロニクスとしては、電力を直流から交流100Vに変換するインバーターが用いられます。容量は、1000W程度のものがあります。プラグインハイブリッド車では、車載電池の充電状況が低下すると、エンジンを動かし発電機からの電力を外部に供給できるモードを備えたものがあります。

充電ステーション用パワーエレクトロニクス

　電気自動車、プラグインハイブリッド車は、急速充電のための入力端子が設けられています。急速充電のパワーエレクトロニクスは、自動車には搭載されておらず、地上の充電ステーション側に配置されます。急速充電用の端子は、形状や仕様が国際規格で定められており、日本から提案の規格は、「CHAdeMO」と呼ばれます[13]。

　急速充電のパワーエレクトロニクスは、交流から直流に電力変換する回路から構成されており、短時間で車載電池を充電するため、大電流を流すので、電力は数十kWの大容量となります。そのため家庭用の単相AC100Vではなく、三相AC200Vあるいは三相AC415Vから交流電力を得ます。直流電圧出力は最大450〜500V程度です[6]、[14]。

　ある急速充電回路を例にとり、急速充電回路の扱う電圧や電流の大きさを具体例で説明します[15]。急速充電回路は、主に2つの回路から構成されています。1つ目はAC/DCコンバーターで、AC200Vの交流から360V程度の直流に電力を一旦変換します。2つ目は、絶縁形DC/DCコンバーターで、360Vの直流電圧を50〜500V程度の電圧に変換します。自動車への充電電流の最大は125Aです。

　さらに、ワイヤレスで電気自動車を充電する技術開発が行われています[16]。ワイヤレス充電では、インバーターにより地上に設置したコイルに高周波電流を流し、自動車内の受電コイルに電磁誘導で電流を誘起し、その高周波の電流を直流に変換して、車載蓄電池を充電します。また、充電設備を道路に敷いて、走行中にワイヤレス充電するコンセプトが提唱されています。

電動車を使った再生可能エネルギー導入拡大

　電気自動車、プラグインハイブリッド車には、外部と電力をやり取りする機能があることを説明しました。また、自動車の通信システムとの接続機能（コネクティビティー）が進歩しています。これらの機能を活用し、多数の電気自動車を電力系統と接続し、電力系統の制御システムから通信システムを通じた要請に応じて、電気自動車の電池の充放電を行うコンセプトが広く提唱されています。需給調整（DR：デマンドレスポンス）、あるいは、仮想発電所（VPP：バーチャルパワープラント）と呼ばれるコンセプトです[17]。このようなコンセプトは、家庭だけではなく、さまざまなものと電気自動車との間の電力のやり取りとなるため、V2Xと呼ばれています[6]。

　このコンセプトが実現されると、例えば、風力発電や太陽光発電からの電力が増減したときに、その増減を打ち消すように多数の電気自動車の電池を充放電することで、電力系統の電力の供給と需要が、時々刻々、常にバランスし安定な電力供給が可能となります。実証試験がいくつか行われており有効性が示されています[18]。

　このコンセプトを実現するには、充電器は電力を自動車に充電するだけではなく、自動車から電力系統へ電力を放電する機能を備え、双方向の電力融通を行うことができるものが必要です。現在のパワーエレクトロニクス技術、自励式電圧型変換器を使った充電器であれば、基本的には制御アルゴリズムを変更することで、実現が可能です。実際、その構成で双方向の動作をする装置が開発されています[19]。パワーエレクトロニクスの観点からまとめると、電動車や充電設備のパワーエレクトロニクスを活用することで、電力需給のアンバランスを調整する力を増加することができ、再生可能エネルギーをさらに拡大する条件が整えられます。

【参考文献】

1) 道木慎二「総論 〜自動車用パワーエレクトロニクスの新展開」
電気学会全国部門大会シンポジウム 4 – S14、2017年

2) 日経クロステック Webニュース、2019.09.02 「EV世界市場、2035年に2200万台規模に拡大」、
https://xtech.nikkei.com/atcl/nxt/news/18/05851/

3) 資源エネルギー庁ホームページ スペシャルコンテンツ 「電気自動車（EV）は次世代のエネルギー構造を変える?!」2017 – 10 – 12、
https://www.enecho.meti.go.jp/about/special/tokushu/ondankashoene/ev.html

4) 資源エネルギー庁ホームページ スペシャルコンテンツ 「電気自動車（EV）」だけじゃない？「xEV」で自動車の新時代を考える」2018 – 08 – 21、
https://www.enecho.meti.go.jp/about/special/johoteikyo/xev.html

5) 環境省_次世代自動車ガイドブック2018、
www.env.go.jp/air/car/vehicles2018/2018.html

6) 境野真道「電気自動車の普及を支える急速充電の技術」
電気学会公開シンポジウム 電気自動車の普及を支える急速充電の技術、2016年

7) 森本雅之ほか「48VとPHVEの隆盛 〜レギュレーションと自動車用パワーエレクトロニクス」
電気学会全国部門大会シンポジウム 4 – S14、2017年

8) 電気学会・自動車技術委員会ホームページ
http://www2.iee.or.jp/~dvt/

9) 計量単位令 電子政府の総合窓口
https://elaws.e-gov.go.jp/search/elawsSearch/elaws_search/lsg0500/detail?lawId=404CO0000000357

10) 谷本ほか「EV、HEVの正常進化 〜市販車の最新技術と将来技術〜」4 – S14 – 2、電気学会全国大会、2017年

11) 市川ほか「新型プリウスPHVシステムの開発」電気学会産業応用部門大会、4 – 3、2017年

12) 経産省プレスリリース『「災害時における電動車の活用促進に向けたアクションプラン案」の下、具体的なアクションに着手します』、2019年11月29日

13) CHAdeMO協議会ホームページ
https://www.chademo.com/ja/

14) CHAdeMO認証急速充電器型番一覧
https://www.chademo.com/wp2016/wp-content/uploads/pdf/qcnintei.pdf

15) 堀ほか『電気自動車用急速充電器「EVC-50KA」の開発』、
GSユア技術解説、2011年6月、第8巻、第1号
https://www.chademo.com/wp2016/wp-content/uploads/pdf/qcnintei.pdf

16) 鈴木ほか「電気バス普及に向けたワイヤレス充電技術」、東芝レビュー、2017年、
Vol.72、No.3
https://sei.co.jp/technology/tr/bn185/pdf/sei10812.pdf

17) 資源エネルギー庁ホームページ　スペシャルコンテンツ　「これからは発電所もバーチャ
ルになる!?」2017－8－24、
https://www.enecho.meti.go.jp/about/special/johoteikyo/vpp.html

18) 資源エネルギー庁ホームページ、平成28年度エネルギーに関する年次報告（エネルギー
白書2017）、HTML版/第1部　エネルギーを巡る状況と主な対策 / 第3章　エネルギー
制度改革等とエネルギー産業の競争力強化 /まとめ　Column「NEDOによるハワイ州
マウイ島での系統電力安定化のためのデマンドサイドマネジメントの実証」
https://www.enecho.meti.go.jp/about/whitepaper/2017html/1-3-4.html#colBox

19) 泉ほか「"V2X"に対応した双方向充電ユニット」、住友電工テクニカルレビュー、2014
年7月、第185号
https://sei.co.jp/technology/tr/bn185/pdf/sei10812.pdf

電鉄車両

ポイント

一般的な電鉄車両は、直流電力をトロリー線からパンタグラフを通して得て、モーターを駆動して走ります。現在では、モーターとして誘導モーターなどが使われており、それらのモーターに交流電力を供給するインバーターに、パワーエレクトロニクスが使われています。インバーターによりモーターの回転速度、すなわち車輪の回転速度を制御でき、加速、減速をきめ細かに制御できます。また、減速時にはモーターが発電機として動作し、発電した電力をインバーターにより、き電システムに回生し、他の電車や駅などの電気設備に供給することで、電力を有効に活用できます。

　電気の力で動く乗り物と言えば、電車が最も身近な存在であり、また、電気を使ったモビリティーとしては最も古くから研究開発され、自動車、船舶、飛行機などに先行しています。また、輸送分野の中で最もCO_2排出が少ない乗り物と評価されています[1]。

　電車については、一般にデザインや乗り心地などの観点から興味を持たれることが多いと思われます。しかし、電車の最も基本的な機能は、人・物を移動することであり、発車・走行・停車する機能が必要です。この最も基本的な電車の機能が、現在はパワーエレクトロニクスにより行われていることを紹介します。

　在来線の電車は主に直流1500Vから受電、新幹線の電車は交流25kVから受電するので、それぞれ分けて説明します。なお、直流600Vあるいは

750V、交流20kVで、電車に電力供給する鉄道もありますが、ここでの紹介は省略します。しかし、いずれも基本機能の実現にパワーエレクトロニクスが重要な役割を果たしています。

なお、電車には、駆動用のインバーターのほかに、照明や冷暖房用の電源としてパワーエレクトロニクスが使われますが、ここでは説明しません。

在来線電車を動かすパワーエレクトロニクス

昔、電車は直流モーターを使っていました。そのため電車への電力の供給は直流を用いる方式が使われることになりました。他のモーターに比べ、直流モーターは大きなトルク（回転する力）が出せ、起動、坂道での走行に向いている、広い速度範囲で効率が良い、などの特長から長い間使われていたものです。しかし、パワーエレクトロニクス技術の発展により、1980年代にインバーターで誘導モーターを駆動する回路を搭載した電車が実用化され、現在に至っています[2],[3]。

電車の駆動システム

現在の電車を駆動するシステムの概要を図1に示します。電車はトロリー線からパンタグラフを通して電流を得ていることはよく知られています。電流が流れるには、電源からの往路だけではなく、電源に戻る復路が必要です。図1に示すように、電流は車輪とレールを復路にして電源に戻ります。このように供給された直流電力をインバーターにより交流電力に変換してモーターに供給します。

パンタグラフへ直流電力を供給するシステムについては、「直流き電」（3-1-3）の項で説明します。

駆動用インバーター回路

インバーターの回路を詳しく描いたものを図2に示します。直流電力を三相の交流電力に変換し、三相モーターを駆動する回路構成です。1台のインバーターで4台の誘導モーターを駆動する構成が一般的とされています[4]。

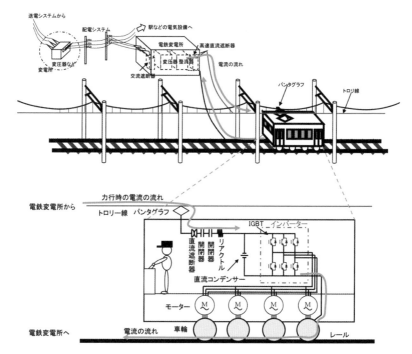

図1　電車の駆動システム概要

　誘導モーターの回転速度を制御するには、回転速度にほぼ比例した周波数と電圧を供給する必要があります。したがって、インバーターには周波数と電圧を変化して出力する機能が必要とされます。そのことから、電車のインバーターはVVVF（Variable Voltage Variable Frequency）と呼ばれることがあります。

　なお、モーターとして永久磁石を使ったものも増えています[4]。また、インバーターに新しいパワー半導体SiCを用いて、さらに効率を向上する開発がされています[5]。

電車を動かすためのパワー

　電車を動かすには大きな力が必要ですが、具体的にはどの程度なのでしょうか。電車と乗客の質量を考えると、自動車より大きなパワーになる

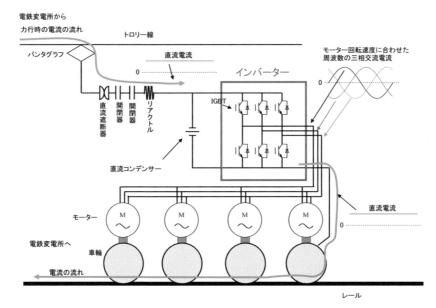

図2　電車の推進システム構成

ことは容易に想像がつきます。実際、1台のインバーターのパワーは1000kW程度のものが使われています[5]。さらに、実際の電車の1編成には、インバーターとモーターを搭載した車両が複数台あります。したがって、電車がホームから発車するときは、何千kWもの直流電力が必要となります。その電力をどのように供給しているかは、後の「直流き電」で説明します。

回生

　電車が停止のため減速するときは、車体の慣性力で車輪は回り続け、それによりモーターが回されます。外部からの力によりモーターが回ると、発電機と同じことになり、電力を使うのではなく作りだします。いわゆる「回生」動作をすることになります。現在、一般的に使われる図2の回路のインバーターは、モーターからの電力をシステムに送り返すこともできるものになっています。

このとき、インバーターは、電車の運動エネルギーを電気エネルギーに変換して電車から取り出すことで減速する機能を行っています。過去には機械ブレーキで摩擦熱に変換する、あるいはモーターからの電力を抵抗器で熱エネルギーに変換することにより減速しました。しかし、現在ではパワーエレクトロニクスによる電力の回生により、電車のエネルギー使用効率は向上しています。回生した電力は、近隣を走行する他の電車の駆動や駅の照明などの電力として使われます。

電池を搭載した電車

電車にバッテリーを搭載し、き電線からの電力が得られない場合にバッテリーからの電力で電車を動かしたり、回生電力をバッテリーに蓄えたりする電車の開発が進んでいます。バッテリーを搭載することで回生電力をより効率よく使えます[6]。また、このほかにも、ディーゼルエンジンとバッテリーを組合せたハイブリッド電車が営業運転され、また、燃料電池とバッテリーを組合せた電車の研究なども進められています[7]。これらは、いずれもバッテリーの進歩に加え、エネルギーの形を自在に変換できるパワーエレクトロニクスにより実現される技術です。

新幹線の電車を動かすパワーエレクトロニクス

新幹線は在来線より高速で走行するうえ、大型車両で一編成も長いものになっています。そのため走行に必要な電力は、在来線よりさらに大きなものが必要とされ、十数MWとなります[8], [9]。電力は電圧と電流の掛け算ですが、送電線での損失は電流の二乗に比例するので、大きな電力を効率よく供給するには、電圧を高くして電流を小さくしたシステムが適しています。交流を使えば、変圧器で高い電圧を容易に得ることができます。

このような技術的背景から、新幹線の電力供給には、交流25kVの高電圧が用いられています。高電圧システムを用いることで、線路に沿って配置する変電所間の距離を長くとることができ、変電設備の数を少なくすることができます[3]。このような高電圧の交流き電システムは、長距離を走

行する新幹線に適した電力供給システムと考えられます。交流き電システムに電力を供給する仕組みについては、新幹線用の地上変電所のパワーエレクトロニクス技術で説明します。ここでは新幹線の電車の中に搭載され、モーターを駆動するパワーエレクトロニクスを紹介します。

新幹線の電車の駆動システムの概要を**図3**に示します。駆動システムは、変圧器、主変換装置（コンバーター・インバーター）、モーターから構成されています。これらは、客室の下にある台車に搭載されています[9]、[10]、[11]、[12]。新幹線の電車の場合も、パンタグラフから電流を取込み、変圧器に流れ、コンバータ・インバーターを通してモーターに電力が供給されます。電車の中を流れた電流は、車輪を介して線路に流れます。この電流は線路に沿って配置された変電所からき電システムにより供給されるのですが、詳しくは後の「交流き電」で説明します。交流の場合でも、減速時に

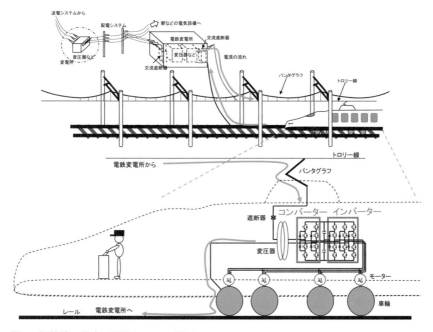

図3　新幹線の電車の駆動システム概要

回生動作により電力をき電システムに戻すことができます。

　新幹線の電車の主変換装置と呼ばれる装置の回路の一例を**図4**に示します[4]。主変換装置は、変圧器、コンバーター、直流コンデンサー、インバーターから構成されます。まず、単相25kVの交流電圧を数kVの交流電圧に、変圧器で降圧します。この数kVの交流電圧はコンバーターに入力され、直流電圧に変換されます。この直流電圧からインバーターで三相の交流電圧を作り、モーターに供給します。

　図4の例では、コンバーターとインバーターは、中性点クランプ3レベル変換器と呼ばれる回路で構成されています。

　運転手からの指令により、三相インバーターの出力電圧と周波数を制御し、モーターの回転速度を制御し、最終的には新幹線の走行速度を制御することになります。実際のシステムでは、1つの主変圧器には複数の低圧巻線があり、複数のコンバーターに電力を供給する構成を取っています[9]。

　新幹線では、さらに高速化のためのパワーエレクトロニクス技術の開発が進んでおり、電車の走行により発生する風だけで冷却する技術により冷却ブロアの削減による小型化・軽量化が進んでいます。さらに、新しいパ

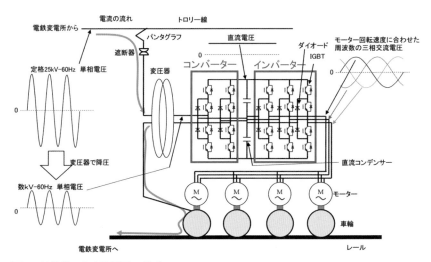

図4　新幹線の主変換装置の構成

ワー半導体であるSiCを適用した主変換装置が開発されています[9]、[10]。また、新幹線でも、停電時にトンネルや橋梁から移動するなどを目的として、車両にバッテリーを搭載して自走する試験運転がされています[13]。

【参考文献】

1) 国土交通省ホームページ、「運輸部門における二酸化炭素排出量」、
https://www.mlit.go.jp/sogoseisaku/environment/sosei_environment_tk_000007.html

2) 電気鉄道ハンドブック編集委員会 編「電気鉄道ハンドブック」コロナ社、2007年

3) 持永芳文「電気鉄道のセクション　直流・交流の電力供給と区分装置」、戎光祥出版、2016年

4) 近藤圭一郎「鉄道車両用電動機駆動システムの制御」、計測と制御、第56巻、第2号、2017年2月

5) 門岡昇平「省エネ性能を追求した鉄道車両用主回路システム」、東芝レビュー、Vol.71、No.4、2016年

6) 田口ほか、「架線・バッテリーハイブリッド電車による省エネ化」RRR（Railway Research Review）、Vol.72、No.8、2015年

7) 山本貴光「ハイブリッド鉄道車両に関する動向と最近の研究開発」、鉄道総研報告、Vol.30、No.4、2016年

8) 村端ほか「鉄道車両用推進システムの最新動向」、三菱電機技報、Vol.92、No.7、2018年

9) 上野雅之「N700Sにおける新技術の紹介　～技術開発成果による新技術の採用徹底した小型軽量化による標準車両の実現～」、第24回鉄道技術・政策連合シンポジウム（J-RAIL2017）、各学会からの基調講演資料
http://applmech.eng.niigata-.ac.jp/jrail2017/doc/specialsession1.pdf

10) 「SiC 素子の採用による新幹線車両用駆動システムの小型軽量化について」、東海旅客鉄道株式会社、ニュースリリース、平成27年6月25日（2015年）
https://jr-central.co.jp/news/release/_pdf/000027199.pdf

11) 「車両用電機品 納入事例」、三菱電機ホームページ、https://www.mitsubishielectric.co.jp/society/traffic/cases/

12) 「交流電気車用駆動システム」、東芝ホームページ、https://www.toshiba.co.jp/infra-structure/railway/solution-product/rolling-stock/ac-electrified-lines.htm

13) 「N700S確認試験車の走行試験内容について」、東海旅客鉄道株式会社、ニュースリリース、2018年3月22日
https://jr-central.co.jp/news/release/_pdf/000027199.pdf

3-1-3 　直流き電

電車が走るための電力を交流から直流に変換して供給するシステムを
直流き電と言います。交流から直流に変換する整流器に加え、電車が
ブレーキをかけた際に発電する電力を回生して交流に逆変換する設
備、蓄電池に蓄える設備などが備わっています。国内の大半の電車は、
パンタグラフから直流で電気を受け取り、モーターを駆動して走って
います。直流き電用パワーエレクトロニクス装置は電車の電源として
大いに役立っていますが、メンテナンスの必要性が少なく、高い信頼
性と電力の有効活用が求められます。

　電車にはトロリー線からパンタグラフを通って電流が流れ、その電流は
インバーターなどに電力を供給し、車輪を通って線路に電流が流れること
を前に説明しましたが、その電流の電源がどのように作られているのか、
ここで説明します。

直流き電システム

　電車のパンタグラフはトロリー線に接触して電力を得ていますが、電車
の電力供給は、それ以外にも多くの要素から構成されています。

■トロリー線を支えるちょう架線
■トロリー線に電力を供給するき電線
■それらの電気絶縁のための碍子など

　また、電源である電鉄用変電所は、直流き電ではで5〜10km程度ごと

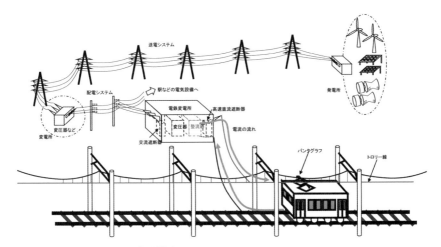

図1　直流き電システムの全体構成

に設置されています[1]、[2]。このように多数の要素から電車への電源供給システムは構成されています。これは直流き電システムと呼ばれますが、電車を安定に走行させるために、さまざまに配慮された構成を取っています[1]、[2]。き電システムの情報は膨大なので、そこで使われるパワーエレクトロニクスに焦点を絞って説明します。

　ここでは、**図1**に示すように、1つ電鉄変電所から1台の電車がDC1500Vで電力供給を受けて走行している状況を想定して説明します。図1は、直流電流の流れの概略を示す目的に描いたものであり、き電線、碍子などの詳細は示していません。

　以降の図では、説明の簡単化のため電流がトロリー線を通って流れるように描いていますが、実際にはトロリ線ーと並行して敷設されているき電線を通じてトロリ線に電流が供給されます[1] [2]。

交流電力系統との関係

　図1を見ながら、電車へ供給される電力の流れを交流電力系統の発電所から順に説明します。

■電力会社の送電線あるいは電鉄会社の発電所からの自営送電線、超高電

圧の275kV、154kVあるいは77kV、66kVで長距離を送電

■ 電鉄変電所近くに設置された変電所で配電システム用に降圧

■ 配電システム、電圧33kVあるいは22kVから電鉄変電所に電力供給

　なお、配電システムにより電鉄変電所の他に、駅などの電気設備にも電力が供給されます。

直流き電用整流器

　電鉄変電所の主な設備として、変圧器と整流器があります。この整流器が電車に直流電力を供給する装置で、ダイオード整流器で構成されるパワーエレクトロニクスです（図2）。電鉄変電所の整流器は、始発から終電まで絶え間なく電力を供給するため、点検や補修は深夜から早朝の限られた時間に行うことになります。高い信頼性が要求されるので、できるだけ簡素な回路構成のダイオード整流器が用いられています。

　整流器は三相の交流を入力し、＋－の端子から直流を出力します。直流き電システムの直流電圧は、1500V定格のシステムが多いですが、600V、750Vなどの直流電圧のシステムもあります。1500Vシステムの装置容量としては、3000kW〜6000kWのものが一般的です。

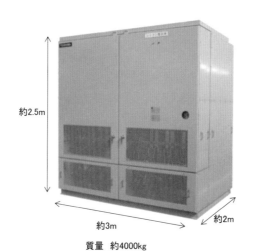

約2.5m

約3m

約2m

質量　約4000kg

図2　整流器の外観の例

直流き電システムの構成

　整流器から電車までの電流の流れ、電車から整流器まで戻るルートをリストアップします（**図3**）。

■ 整流器＋端子からの電流は、高速直流遮断器を通じて変電所の壁の碍子から外部に流れます。

■ 碍子からの電流はき電線に流れ、さらに、トロリー線に流れます。

■ トロリー線から電車のパンタグラフを通じて電車のインバーターに電流が流れ、モーターが動きます。

■ インバーターから流れ出た帰りの電流は、電車の車輪から線路に流れます。

■ 線路からの電流は、変電所の帰線と呼ばれる電線に流れ、最終的には整流器の－端子に戻ります。

　実際の設備では、落雷、飛散物、動植物などによりき電線が短絡・地絡することがあるので、その際に事故電流を遮断するため、＋端子と、き電線の間に高速直流遮断器が接続され、また、回線切り替えなどのためのスイッチ類などが設けられています。

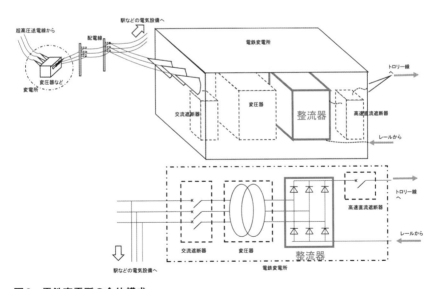

図3　電鉄変電所の全体構成

整流器の電力変換動作

　整流器の電力変換動作を、**図4**を使って説明します。図4には、整流器の回路を拡大して示しました。三相交流電圧が入力され、直流電圧を出力します。整流器は、三相の交流電圧波形の一部を取り出す動作を繰り返して直流電圧を得て、交流から直流への電力変換を行ないます。

■この電圧は交流電圧の一部が繰り返し現れる波形となります。

■この電圧波形にはリップルが含まれますが、ほぼ一定の直流電圧が得られます。

整流器の冷却技術

　一般に数千kW程度の大容量変換器では、冷却ファンで空気を強制的に動かす風冷式の冷却方式が使われることが多いです。しかし、冷却ファンは機械的に動く部位があるので、その点検や定期交換など、メンテナンス

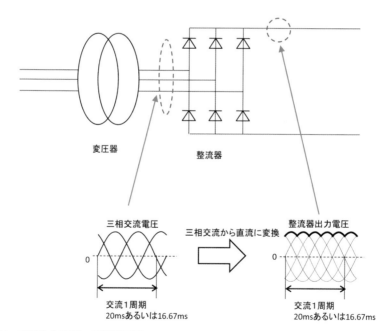

図4　交流から直流への変換原理

に配慮が必要となります。

　電鉄変電所では、前述のようにメンテナンスの簡素化が要求されるため、冷却は自然対流を用いた自冷式が使われます。

　整流器の効率は良いのですが、扱う電力が数千kWなので、例えば99%の効率でも、数十kWの損失が発生します。

　損失の大きさを説明するため、身近なヘアードライヤーと対比します。ヘアードライヤーの消費する電力は1kW程度で、その電力でヒーターを発熱させます。数十kWというと、ヘアードライヤーが数十台あることになります。ヘアードライヤーはファンがついているので、その風でヒーターを冷却していますが、ファンがなければヒーターの温度はどんどん上昇し安全機構が働いて停止します。

　それに対し、ファンを使わないで大きな発熱を冷却するには特別な冷却技術が必要となります。その冷却技術として、ヒートパイプが用いられています。ヒートパイプには発熱部分からの熱を効率よく伝達できる性質があることを利用しています。

　ヒートパイプの動作原理を**図5**に示します。この冷却方式の構成要素をリストアップします。
- ダイオードは熱伝導の良い金属のヒートシンクで挟まれています。
- ヒートシンクの中にヒートパイプが通っています。
- ヒートパイプには、冷媒として純水が封入されています。
- ヒートパイプの上部には放熱フィンが取り付けられ、ヒートパイプ周囲の空気へ放熱します。

　ダイオードの発熱が周囲の空気に放熱されるルートは次の通りです。
- ダイオードの発熱はヒートシンクを通じ、純水に伝わります。
- 純水が熱せられて蒸発し、その蒸気がヒートパイプ内を上昇します。
- 蒸気の熱は放熱フィンへ熱を伝達します。この時、蒸気は凝縮し水に戻ります。
- 凝縮した水はヒートパイプの壁を伝って、再びヒートシンクの部分に戻ります。

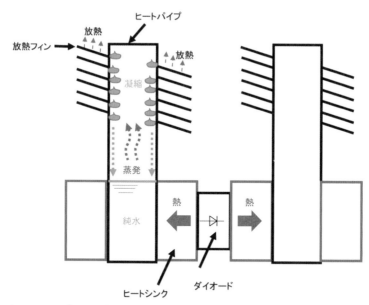

図5　ヒートパイプによる冷却の原理

　つまり、水の蒸発と凝縮での潜熱の吸収・放出を使うことで、ヒートパイプの熱伝導は大変良く、ダイオードからの発熱を多数の放熱フィンに効率良く伝えることができます。個々のフィンの放熱能力は小さいですが、多数の放熱フィンから放熱できるので、全体として大きな損失を冷却することができます。

回生インバーター

　図6に示すように、整流器は交流を直流に変換し、電車の加速・走行のために電力を供給します。電流の向きは、整流器から電車に向かっています。

　しかし、電車が減速する場合は、電車は電力を発電します。これを回生運転と言います。その時、減速する電車のパンタグラフから電流がき電システへ流れ出し、近くに加速・走行中の力行電車があれば、その電車で回生電力を使うことができます。その様子を図6に示します。しかし、力行電車がない場合、電流は行き場がないため回生動作はできません。整流器

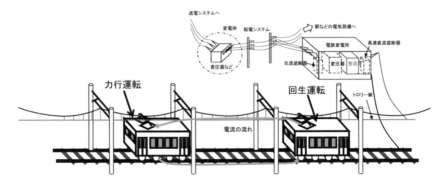

図6　回生電車から力行電車への電力の流れ

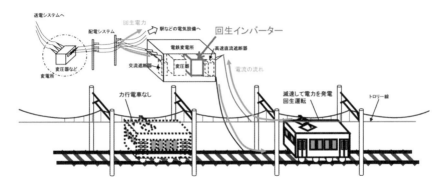

図7　回生電車から回生インバーターへの電力の流れ

は直流から交流に逆変換ができないためです。その時、減速は機械ブレーキにより行われ、電車の減速エネルギーは熱になって放散し、電力を有効に活用できません。

　電鉄変電所に逆変換が可能な回生インバーターを設置すると、力行電車がない場合でも、回生動作により流れる電流は電鉄変電所に戻り、交流電力に逆変換されて有効に活用されます。その状況を**図7**に示します。

　回生インバーターは、**図8**に示すように、サイリスターを用いて構成されます。サイリスターはオンするタイミングを制御ができるパワー半導体で、オンするタイミングを適切に制御することで、直流を交流に変換する

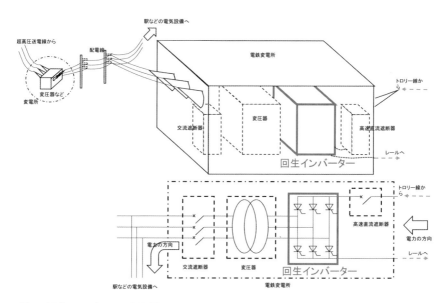

図8　回生インバーターを設置したシステム

装置です。IGBTを用いたハイブリッドインバーターを電鉄変電所に設置しても同様に逆変換できます[3]。回生インバーター、ハイブリッドインバーターからの回生電力は、配電系統を通じて駅の照明などの電力として使われます。回生インバーターやハイブリッドインバーターにより、回生電力を有効に活用することができます。

　図9を用いて回生インバーターが直流電力を交流電力に変換する動作を説明します。回生インバーターは、直流電流を三相の交流に振り分ける動作を行い、直流から交流に電力変換します。

■具体的には図9の出力電流波形に示すように、回生インバーターは、三相間でタイミングをずらして直流電流から四角い電流波形に切り取ります。

■三相の電流波形の＋側だけに着眼すると三相が順繰りに、き電線から流れ込む電流を受け持っていることがわかります。

■－側に着目すると、三相が順繰りに、帰線へ流れ出す電流を受け持っていることがわかります。

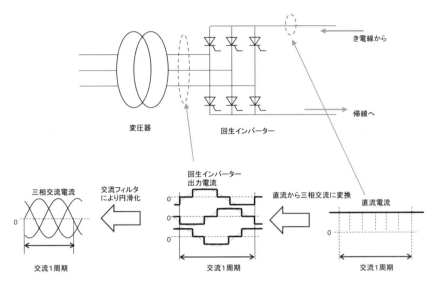

図9　回生インバーターの動作原理

■四角い電流波形には高調波成分が含まれますが、交流フィルターにより取り除かれ、配電系統には正弦波電流が出力されます。

回生電力蓄電システム

　蓄電池の技術開発が進み、大容量のパワー・エネルギーを扱えるようになりましたが、その大容量蓄電池とパワーエレクトロニクスを組合せ、電車からの回生電力を蓄電池に蓄えて活用するシステム、回生電力蓄電システム、が実現されています[4]、[5]。

回生電力蓄電システムの概要

　回生電力蓄電システムは、回生電力を蓄電池に充電するだけではなく、電車が加速するときには蓄電池から放電して電車に電力供給する動作をします。

　まず、回生電車から蓄電池への電力の流れを**図10**に示します。直流から直流のへ電力変換を行うパワーエレクトロニクス装置として、DC/DC

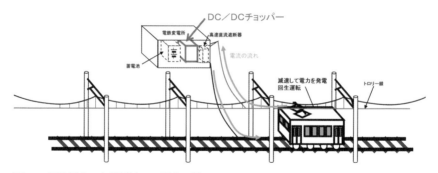

図10　回生電車から蓄電池への電力の流れ

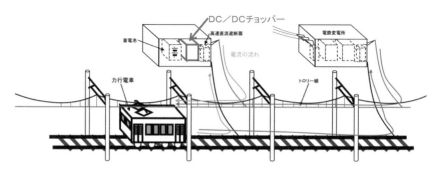

図11　蓄電池と整流器から力行電車への電力の流れ

チョッパーが使われています。

　次に、**図11**に、力行電車に蓄電池から電力を供給する様子を示します。電鉄変電所のダイオード整流器からの電力と合わさり、力行電車（加速中の電車）に電力を供給します。力行電車が電圧変電所から遠い場合、回生電力蓄電システムから電力供給することで、トロリー線の電圧低下を抑制できます。

　回生電力蓄電システムは配電系統に接続する必要がないので、送電線や配電線が近隣に無い場所に設置が可能です。また、交流系統が停電したときにでも、蓄電池から電車に電力を供給して、最寄駅まで電車を動かすことができます。その様子を**図12**に示します。

　DC/DCチョッパーは、パワー半導体のIGBTを使って構成されます。

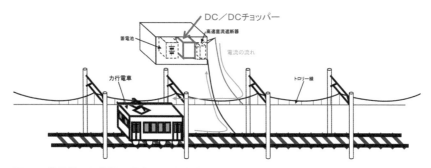

図12 蓄電池から単独で電車に電力供給

電車が接続するき電線の電圧は1500Vで、蓄電池の電圧は600Vなので、電圧の異なる2つの直流回路の間をDC/DCチョッパーで電圧を降圧、昇圧する構成となっています（**図13**）。回生電車からの電力を蓄電池に充電する場合は降圧動作、蓄電池の電力を放電して、き電線を介して力行電車に供給する場合は昇圧動作になります。

　蓄電池を用いる地上設備としては、回生電力蓄電システムのほかに、回生電力を一旦蓄電池に蓄え、インバーターにより駅の電気設備などに供給する電源装置があります[6]。

DC/DCチョッパーの動作原理

　図14を使って、DC/DCチョッパーの動作を説明します。ここで使われているDC/DCチョッパーは昇降圧チョッパーと呼ばれ、低電圧回路（蓄電池）から高電圧回路（き電線）へ、あるいは、高電圧回路（き電線）から低電圧回路（蓄電池）の双方向で、直流電力を変換します。その電力変換では、リアクトルが電流を流し続けようとする性質を利用します。別の表現をすると、リアクトルにエネルギーを1つ目の回路から与え、その蓄えたエネルギーを2つ目の回路に渡す、という動作をします。

　まず、き電線から蓄電池を充電する際の降圧動作について説明します。以下のような動作が繰り返されます。

■ IGBT1をオンすると、き電線からの電流I1が蓄電池に向かいリアクト

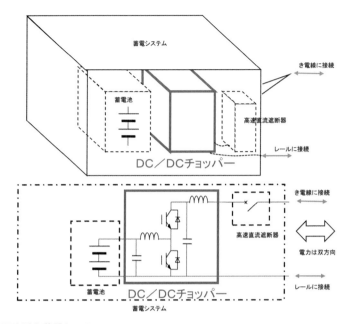

図13 回生電力蓄電システム

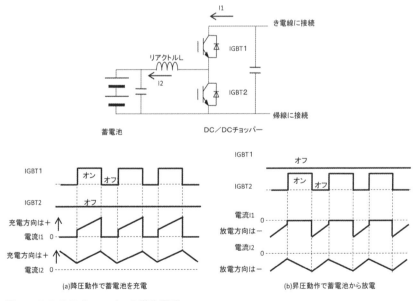

図14 DC/DCチョッパーの動作原理

ルLを通して流れます。リアクトルLにより電流I1、I2の上昇速度が制限されます。

- 電流I2の大きさが所望の値になると、IGBT1をオフします。
- リアクトルLは電流I2を流し続けようとし、I2電流はIGBT2のダイオードを通して流れ続けます。
- リアクトルLの電流I2の大きさは、蓄電池を充電しながら、徐々に減っていきます。

次に、蓄電池から電線に電力を放電する場合の昇圧動作について説明します。以下のような動作が繰り返されます。

- IGBT2をオンすると、充電とは逆向きの方向、蓄電池からリアクトルLの方向に、電流I2が流れます。
- 電流I2の大きさが所望の値になったら、IGBT2をオフします。
- IGBT2をオフしてもリアクトルLは電流I2を流し続けようとしますので、リアクトルLの電流はIGBT1のダイオードを通してI1となり流れ続けます。
- リアクトルLの電流I2の大きさは、徐々に減少します。

電流I1と電流I2はリップル成分を含みますが、直流回路のコンデンサにより平滑化されます。

【参考文献】

1) 電気鉄道ハンドブック編集委員会 編「電気鉄道ハンドブック」コロナ社、2007年

2) 持永芳文「電気鉄道のセクション　直流・交流の電力供給と区分装置」、戎光祥出版、2016年

3) 宮嶋ほか「電気鉄道向けハイブリッドインバーターシステム」、東芝レビュー、Vol.62、No.8、2007年

4) 佐竹ほか「鉄道向け回生電力蓄電システム」、東芝レビュー、Vol.62、No.8、2007年

5) 竹岡ほか「回生エネルギー貯蔵システム」、三菱電機技報、Vol.83、No.11、2009年

6) 竹岡ほか「駅舎補助電源装置"S-EIV"のラインアップ充実と運用実績」、三菱電機技報、Vol.92、No.7、2018年

新幹線地上電源の
パワーエレクトロニクス技術

　新幹線は交流によるき電を採用しています。新幹線の駆動電力は在来線の駆動電力にくらべ、十倍近く違い、パワーエレクトロニクス装置の容量も十倍近く違います。そのため3-1までで紹介したシステムと比べ、パワー半導体、回路構成、冷却技術などが異なります。新幹線に交流電力を供給する地上設備には大きく2種類があります。1つは3-2-1で解説する静止形周波数変換装置（静止形FC）で、コンバーターとインバーターで50Hz電力を直流電力に変換し、その直流電力を60Hzに変換しています。一方、車両に供給する電力線は位相の異なる2種類の単相があります。この2種類の単相間で電力を融通して電圧維持や受電の電力品質改善を行うのが3-2-2で解説するRPC（Railway Static Power Conditioner）です。

3-2-1 新幹線 静止形周波数変換装置

ポイント

東海道新幹線は1964年の開業当時、全線で60Hzの車両が走行する方式が採用されました。そのため静岡県の富士川以東の50Hz地域では、地上の変電所に50Hzの電力を60Hzに変換する周波数変換装置が使われています。現在では2種類の周波数変換装置が使用されており、ここでは静止形周波数変換装置について解説します。パワーエレクトロニクスによるコンバーターとインバーターで50Hz電力を直流電力に変換し、その直流電力を60Hzに変換しています。自由に電圧（振幅、位相）を変化させて出力の電力を高速に調整できるので、複数の周波数変換装置の負荷分担を調整して最適な運用を行うことができます。

新幹線の電力供給設備に初めて導入された静止形周波数変換装置（以下、静止形FC）が綱島周波数変換変電所の4号機です。綱島周波数変換変電所の装置構成を図1に、装置外観を図2に示します。供給電力の増強のため回転形周波数変換装置（以下、回転形FC）3台に並列に接続される形

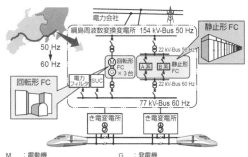

M ：電動機 G ：発電機
SUC ：静止形不平衡電力補償装置 Bus ：母線

図1 綱島周波数変換変電所
（出典：大木、大槻、長山、石塚：「静止形周波数変換装置」、東芝レビュー、Vol.59 No.11 p.36 図2（2004））

図2 綱島周波数変換変電所の静止形FC外観
(出典：久野村：「静止形周波数変換装置」，電気学
会誌 Vol.130,No.8,pp.530-531 図2（2010））

で増設されました。静止形FC
は30MVAのシステム2系で構
成され、154kV三相50Hz母線
から降圧された22kV三相50Hz
の電力を変換して22kV三相
60Hzを出力し変圧器を介して
77kV三相60Hz母線で回転形
FCと並列に繋がります。

綱島周波数変換変電所の静止
形FCの定格諸元を**表1**に、主回路構成を**図3**に示します。インバーター、
コンバーターのいずれも定格6000V-4000Aの大容量のGTO（Gate Turn-
Off）サイリスターを用いて構成し、位相をずらした6個の電圧を直列に合成
して低高調波と低損失を実現した装置になっています。

次に沼津周波数変換変電所の静止形FCを紹介します。この静止形FC
は列車負荷の有効電力増大に伴うき電電圧の変動対策として新設され既設
の沼津変電所と並列運転を行います。**図4**に静止形FCが接続される系統
構成を示します。

表1 綱島周波数変換変電所静止形FCの定格諸元

項　目	定格諸元
定格容量	60 MVA（定格有効電力：50 MW） （30 MVA（25 MW）×2系構成）
コンバータ交流定格電圧	22 kV-50 Hz（三相）
コンバータ構成	GTO変換器：単相ブリッジ三相構成 （変圧器による6段直列多重）
コンバータ変圧器	千鳥結線変圧器（6段直列多重）
直流定格電圧	2,800 V
インバータ交流定格電圧	22 kV-60 Hz（三相）
インバータ構成	GTO変換器：単相ブリッジ三相構成 （変圧器による6段直列多重）
インバータ変圧器	千鳥結線変圧器（6段直列多重）
スイッチング方式	1パルス：パルス幅制御 （コンバータ／インバータ共通）

（出典：大木，大槻，長山，石塚：「静止形周波数変換装置」，東芝レビュー，
Vol.59 No.11 表1 （2004））

　静止形FCの60Hz出力は単相出力になっており単相のき電回路に直接繋がります。静止形FCは30MVAの2系で構成され、2系の出力が図の回路切替え部でどの方面にも接続できる構成になっており柔軟な運用が可能となっています。

　沼津周波数変換変電所静止形FCの主回路構成を**図5**に、定格諸元を**表2**

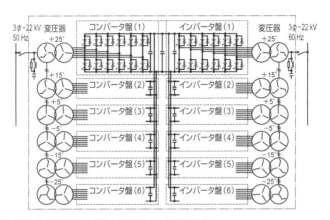

図3　綱島周波数変換変電所静止形FCの主回路構成
（出典：大木，大槻，長山，石塚：「静止形周波数変換装置」，東芝レビュー，Vol.59 No.11 図3（2004））

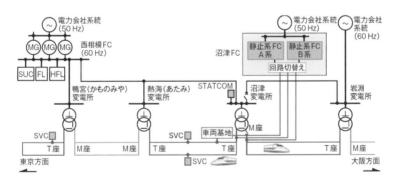

MG	：電動発電機	FL	：フィルタ	HFL	：ハイパスフィルタ
SUC	：静止形不平衡電力補償装置			SVC	：他励式無効電力補償装置
STATCOM	：自励式無効電力補償装置			T座	：ティサトランスフォーマ
M座	：メイントランスフォーマ				

図4　静止形FCが繋がる系統構成
（出典：久野村，飯尾，大槻，青山：「新幹線単相き電用静止形周波数変換装置」，東芝レビュー，Vol.64 No.9 図1（2009））

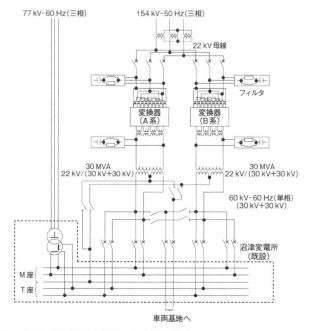

図5　沼津周波数変換変電所静止形FCの主回路構成

（出典：久野村，飯尾，大槻，青山：「新幹線単相き電用静止形周波数変換装置」，東芝レビュー，
Vol.64 No.9 図2（2009））

表2　沼津周波数変換変電所静止形FCの定格諸元

項　目	定格諸元
定格容量	60 MVA（定格有効電力：60 MW） （30 MVA（30 MW）×2系構成）
コンバータ交流定格電圧	22 kV-50 Hz（三相）
コンバータ構成	4,500 V-2,100 A IEGT変換器 単相ブリッジ三相構成 3段直列多重
コンバータスイッチング方式	等価1.5 kHz
直流定格電圧	6,900 V
インバータ交流定格電圧	22 kV-60 Hz（単相）
インバータ構成	4,500 V-2,100 A IEGT変換器 単相ブリッジ2並列 4段直列多重
インバータスイッチング方式	等価2.4 kHz

（出典：久野村，飯尾，大槻，青山：「新幹線単相き電用静止形周波数変換装置」，
東芝レビュー，Vol.64 No.9 表1（2009））

に示します。静止形FCは154kV三相50Hzから降圧された22kV三相50Hzから電力を受電して22kV単相60Hzを出力します。この出力は変圧器を介して60kV単相のき電回路に直接繋がります。コンバーターはスイッチングタイミングの異なる3段を直列にした構成、インバーターはスイッチングタイミングの異なる4段を直列にした構成で低高調波を実現しています。パワー半導体には大容量の4500V-2100AのIEGT（Injection Enhanced Gate Transistor、電子注入促進形絶縁ゲートトランジスター）を3直列にして使用しています。電力変換器の制御は全てディジタル制御器を用いて高性能な制御が行われています。

静止形FCの制御による負荷分担調整やき電電圧維持

インバーターは出力交流電圧の位相と振幅を自由に変化させることができます。綱島周波数変換変電所の静止形FCではインバーターの出力電圧を調整することにより発電機とインバーターの負荷分担を調整できます。**図6**に負荷分担の原理を示します。インバーター電圧の位相と大きさを図6のAからBに変化させるとリアクタンス電圧が小さくなりインバーター電流は小さくなります。減少した分だけ発電機電流は増加します。このようにインバーター電圧を調整して発電機との負荷分担を調整できます。

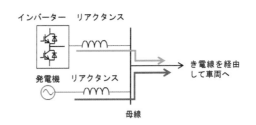

インバーター電圧と母線電圧の差がリアクタンス電圧となり、リアクタンスに流れる電流は、このリアクタンス電圧から９０度遅れの位相でリアクタンス電圧をリアクタンス値で割った値となる。

a)インバーター電流が大きい状態

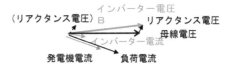

b)インバーター電流が小さい状態

図6　インバーターと発電機の負荷分担

このように静止形が制御して回転形と静止形の負荷分担を調整できるので、それぞれの特徴に合わせた最適な運用が可能になります。

　沼津周波数変換変電所の静止形FCは**図7**のように既存の沼津変電所と並列運転を行います。**図8**に静止形FCの出力力率とき電電圧の関係を示します。静止形FCでは出力する有効電力と無効電力を独立に変化させる

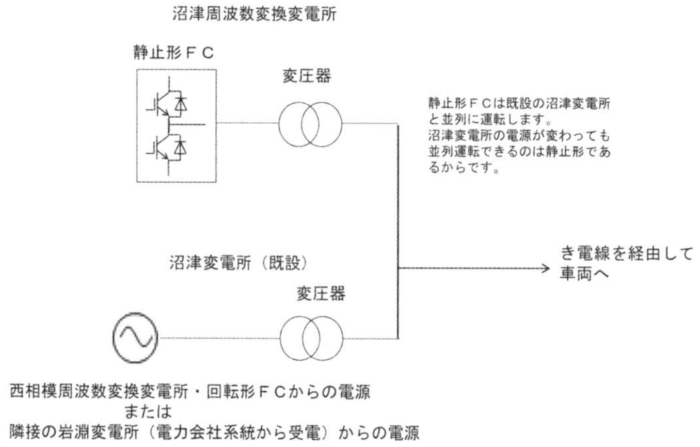

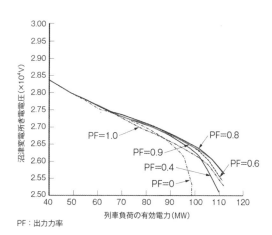

図7　静止形FCと既設変電所の並列運転

縦軸はき電電圧。横軸は列車負荷の有効電力。PFは静止形FCの出力力率。力率を0.8にすると最も電圧が高く維持できます。
静止形FCが有効電力、無効電力を自由に出力できるので最も良いPF=0.8での運転が実現できます。

図8　静止形FCの出力力率に対するき電電圧
(出典：久野村，飯尾，大槻，青山：「新幹線単相き電用静止形周波数変換装置」，東芝レビュー，Vol.64 No.9 図7（2009））

ことができるので、力率0.8の有効電力と無効電力を出力してき電電圧を
高く維持し電力の安定供給に貢献しています。

　既設の沼津変電所の電源は西相模変電所の回転形FCの電源であったり
隣接の変電所の電力会社電源の場合もあります。このような様々な電源と
自由に並列できるのは静止形の周波数変換装置であるからです。

　ここまでは回転形FCとの並列運転および既存の変電所との並列運転を
説明しましたが車両基地への給電も可能です。車両基地への給電の場合に
は静止形FCは単独運転モードで電圧源として動作します。

低損失な周波数変換装置

　綱島周波数変換変電所の静止形FCのパワー半導体には、当時、多数の
実績があったGTOサイリスターを使用しています。

　GTOサイリスターは図9に示すようにゲートに急峻な負電流を流してオ
フさせることができるサイリスターです。整流用のサイリスターとの違い
はゲートとカソードのパターンが微細化されていることです。スイッチン
グによる電力損失を抑えるためにGTOサイリスターのスイッチングは1パ
ルスとして千鳥結線の変圧器を用いて単相構成の三相インバーターを多重

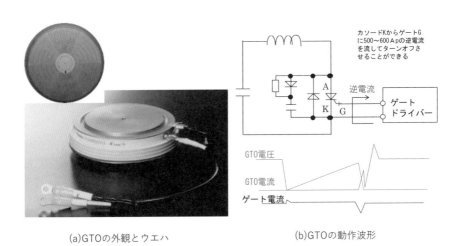

(a)GTOの外観とウエハ　　　　　(b)GTOの動作波形

図9　GTOの外観と動作

▶▶ 微細化によるパワーデバイスの 大容量化・特性改善

　図A1はパワーデバイスとDRAMメモリーの設計ルール及びGTOサイリスターの最大定格の変遷を示しています。

　GTOはサイリスターと同じPNPNの4層構造で構成されていますが、サイリスターと異なるのはカソードが約100μmの幅の多数の島を構成していることです。このようなパワーデバイスが製造できるようになったのはDRAMなどのメモリーにおいて微細な加工技術が発展したことが関係しています。より微細な加工ができるようになった

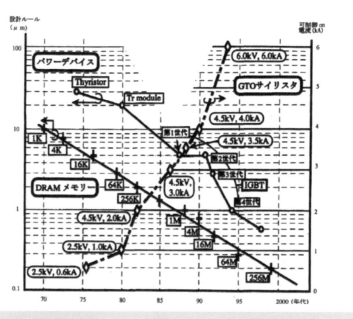

図A1　パワー半導体と設計ルールの変遷
（出典：矢野正雄，内田良平「わが国におけるパワーエレクトロニクスの歴史」電気学会論文誌A，Vol.121 No.1（2001））

ことから特性も改善され大容量化が可能となりました。

　IGBTはさらに微細な構造になっており、設計ルールは5μmから3μm、1μmへと短くなり現在では0.5μm以下になっています。**図A2**はIGBTのセルピッチとオン電圧の関係を示しています。セルピッチを4μmから2.5μmに縮めることによりオン電圧が改善していますが、より微細な加工ができることで可能になりました。

　このようにメモリーの製造における微細加工技術の発展によりIGBTも微細化による大容量化や特性改善が進んできました。

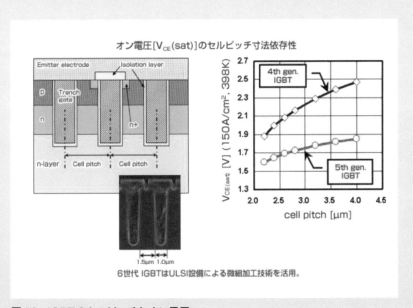

図A2　IGBTのセルピッチとオン電圧
（出典：三菱電機ホームページ「三菱電機パワーデバイスの技術・製品動向のご紹介/2-3：画期的な独自技術で開発が進む第6世代パワーチップ」(https://www.mitsubishielectric.co.jp/semiconductors/triple_a_plus/technology/01/index04.html)）

化して低高調波としています。

　沼津周波数変換変電所の静止形FCのインバーターは単相構成であるので千鳥結線変圧器の使用はできません。そのためGTOサイリスターに比べて低損失化が計れるIEGTをパワー半導体デバイスに採用し、5パルススイッチングと4段多重で低高調波としています。

　IEGTはIGBTと同じMOSゲート構造の電圧駆動デバイスです。定格電圧を高電圧化した時のコレクタエミッタ間飽和電圧（通電による電圧降下、オン電圧）の増加を電子注入促進効果（IE）によって抑え、低損失で動作できるパワー半導体です。その原理を**図10**に示します。

　IEGTの構造は、**図11**に示すPPI（Press Pack IEGT）と呼ばれる両面に電極を持ち両面冷却を行える圧接形と呼ばれるタイプです。内部に複数のIEGTがモリブデン板と一緒に樹脂フレームに納められゲート端子板と共に収納されています。電気抵抗と放熱の熱抵抗をミニマムとするため両

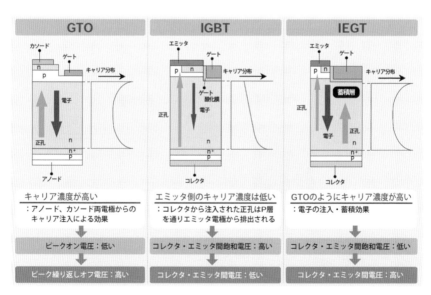

図10　IEGTの動作原理
（出典：東芝リーフレット「東芝半導体新製品ガイド・IEGT（4500V）」2001年3月）

面の電極は6tの力で押さえつけます。

　IEGTの外形は**図12**の写真のように電極径で125mm、厚みが26.5mmあります。IEGTは電圧駆動デバイスであるので、IEGTを駆動するゲートドライバーは写真のように小型なもので済みます。

　GTOサイリスターは電流上昇率や電圧上昇率などの特性上の制約から直列のリアクトルや並列のスナバコンデンサーが必要で、これらに蓄えられたエネルギーがスイッチング毎に消費されるので回路部品が発生する損

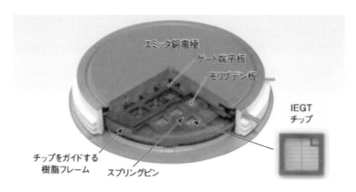

図11　PPI（Press Pack IEGT）の構造
（出典：東芝デバイス ＆ ストレージ（株）ホームページ：https://toshiba.semicon-storage.com/jp/
semiconductor/product/high-power-devices/iegt-ppi.html）

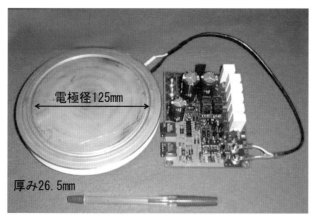

図12　IEGTとゲートドライバー

失もかなりの割合を占めていました。その損失発生の様子を**表3**に示します。IEGTは電流上昇率や電圧上昇率の耐量が高いのでGTOサイリスターで必要だった直列のリアクトルや充放電するスナバは必要なくなり回路も低損失になりました。特にスイッチング周波数が高い応用では顕著です。

表3　GTO回路とIEGT回路の損失の違い

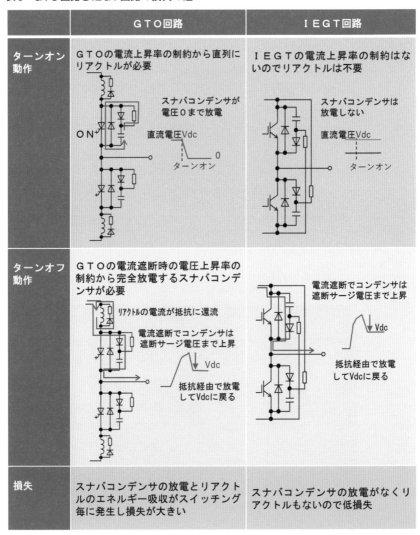

	GTO回路	IEGT回路
ターンオン動作	GTOの電流上昇率の制約から直列にリアクトルが必要 スナバコンデンサが電圧0まで放電 ON　直流電圧Vdc ターンオン 0	IEGTの電流上昇率の制約はないのでリアクトルは不要 スナバコンデンサは放電しない 直流電圧Vdc ターンオン
ターンオフ動作	GTOの電流遮断時の電圧上昇率の制約から完全放電するスナバコンデンサが必要 リアクトルの電流が抵抗に還流 電流遮断でコンデンサは遮断サージ電圧まで上昇 Vdc 抵抗経由で放電してVdcに戻る	電流遮断でコンデンサは遮断サージ電圧まで上昇 Vdc 抵抗経由で放電してVdcに戻る
損失	スナバコンデンサの放電とリアクトルのエネルギー吸収がスイッチング毎に発生し損失が大きい	スナバコンデンサの放電がなくリアクトルもないので低損失

▶▶ IGBTの歴史

　IGBTは、MOSFETの持つ高速動作・電圧駆動の特徴と、バイポーラトランジスターの持つ低オン抵抗の特徴を併せ持つパワー半導体デバイスです。現在までのパワーエレクトロニクス装置の発展はIGBTの登場が重要な役割を果たしました。

　1980年にRCA社（当時）のH. W. Becke氏が基本特許を出願してIGBTの目的を明確化し、1982年にGE社（当時）のB. J. Baliga氏がIGBTの原形であるIGRの試作結果を発表しました。この時に試作されたIGRはスイッチング時間が10μsと遅く、さらにラッチアップして壊れやすいというものでした。その後、他にもMOSFETとバイポーラトランジスターを組み合せたデバイスの試作結果が発表されましたが、ラッチアップの問題は解決できずラッチアップを防ぐのは不可能に近いと考えられたようです。

　しかし1984年に東芝（当時）の中川明夫氏がラッチアップ問題を解決したIGBTを発表し1985年には500V25AのIGBTモジュールが商品化されました。ラッチアップ問題を解決したIGBTは想像以上に良い特性を持っていたと報告されています。その一つは短絡耐量であり、世界で初めて短絡耐量が実証されました。1993年にはIGBTの高耐圧化に欠かせないIE効果とIEGTが発表され2000年にFS（Field Stop）IGBT構造が考案され薄ウエハ化と低損失化が進みました。

　5章5-1大容量UPSの 図21に、IGBTの各世代の損失のトレンドが示されています。現在の第7世代の損失は1985年頃の第1世代の1/5と大幅に改善されています。IGBTの低損失化は装置の効率改善に大きく寄与しています。

電圧多重化による低高調波

　変圧器を介して各段のインバーターの出力電圧を直列に接続して電圧を合成することで、低いスイッチング周波数でも高調波の少ない電圧波形を得ることができます。**図13**に一般的なPWM制御による単相ブリッジの動作と出力電圧、**図14**に5パルス4段多重の電圧波形を示します。それぞ

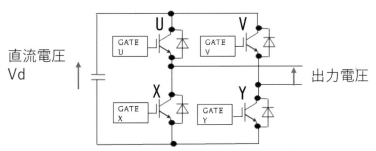

UとX，VとYは同時にはONしない。UとYがONの時に＋Vdの電圧が出力される。
VとXがONの時に－Vdの電圧が出力される。
UとVがONまたはXとYがONの時には出力電圧は0となる。

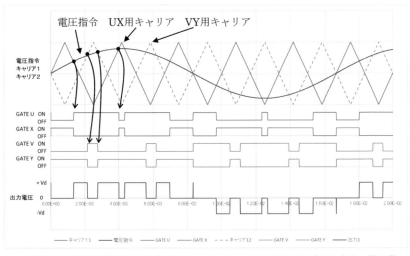

出力したい電圧の電圧指令と三角波キャリアとの交点でゲートが変化する。電圧指令＞キャリアの場合にはU，Vをオン，電圧指令＜キャリアの場合にはX，Yをオンする。それによって決められたオン状態で出力電圧が決まる。その結果，電圧指令に応じて電圧の幅が変化した出力電圧が得られる。

図13　一般的なPWM制御による単相ブリッジの動作と出力電圧

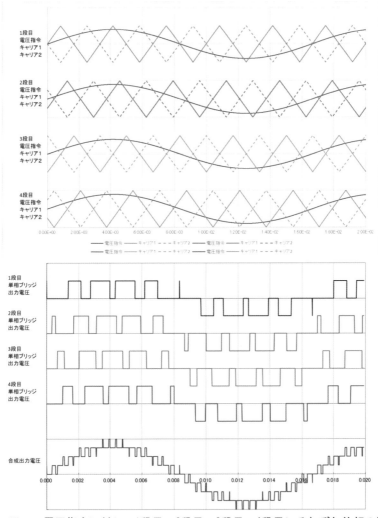

同一の電圧指令に対して1段目，2段目，3段目，4段目にそれぞれ位相の異なるキャリアと比較してゲート信号を生成する。その結果，タイミングのずれた出力電圧が発生する。それを合成すると正弦波に近い波形になる。

図14　5パルス4段多重の電圧波形

れの段の電圧波形は図13の波形と同じですが合成出力電圧の波形が正弦波に近いことが判ります。

単相の負荷に対応した変換装置

　車両負荷は単相なので変換装置は単相負荷に対応する必要があります。

　図5の構成では単相出力のインバーターなので、**図15**に示したように直流電流は出力60Hzの2倍の120Hzで変動します。120Hzの直流電流の変動があっても直流電圧の変動が少ない直流コンデンサー容量にして、直流

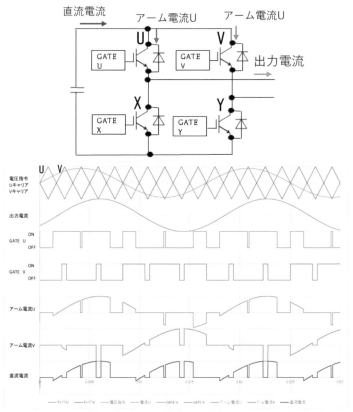

アームUにはGATE UがONの時に出力電流が流れる。アームVにはGATE VがONの時に出力電流が流れる。直流電流はアームUの電流とアームVの電流の合計になる。

図15　単相インバーターの直流電流

電圧の変動が入力の50Hz側に影響を及ぼさないようにしています。

　図3の構成の場合でも車両負荷が単相なので静止形FCの出力電流が三相の不平衡電流になる状態があります。三相不平衡な電流をインバーターが供給している状態では**図16**に示すように静止形FCの直流電流に120Hzの変動が現れます。この120Hzの直流電流の変動があっても直流電圧の変動が少ない直流コンデンサー容量にして、直流電圧の変動が入力の50Hz側に影響を及ぼさないようにしています。

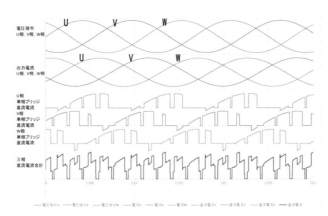

a) 三相平衡電流の場合　直流電流は出力周波数の6倍（360Hz）の周波数で変動し変動は小さい

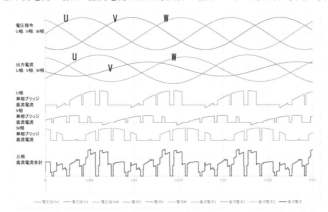

b) 三相不平衡電流の場合　直流電流は出力周波数の2倍（120Hz）の周波数で変動し変動は大きい

図16　三相インバータの直流電流

▶▶ IGBTの等価回路

　IGBTは動作原理から図B1の等価回路で示すことができます。MOSFETのゲートに電圧を加えるとMOSFETがオンしてpnpトランジスターのベースに電流が流れます。このベース電流でpnpトランジスターがオンしてコレクタ端子からエミッタ端子に電流が流れます。

　実際の半導体構造は図B2の等価回路になります。半導体の構成上、npnトランジスターとpnpトランジスターが形成され二つのトランジスターでサイリスターを構成します。このサイリスターがオンするとゲート信号によるターンオフができなくなるので、図の抵抗部分の抵抗値をできる限り低くしてサイリスター動作をしないように工夫されています。

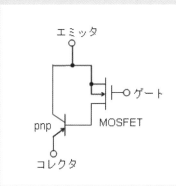

図B1　MOSFET駆動pnpトランジスターモデル
（出典：電気学会高性能高機能パワーデバイス・パワーIC調査専門委員会編「パワーデバイス・パワーICハンドブック」、図7.11、p.164、コロナ社、(1996)）

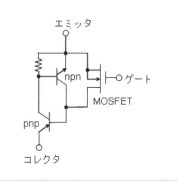

図B2　寄生サイリスター内蔵MOSFET駆動pnpトランジスタモデル
（出典：電気学会高性能高機能パワーデバイス・パワーIC調査専門委員会編「パワーデバイス・パワーICハンドブック」、図7.12、p.164、コロナ社、(1996)）

3-2-2　RPC

ポイント

新幹線の交流き電は25kVの単相の交流が必要であるため、電力会社の三相電力を変圧器を用いて2組の単相交流（M座、T座）に変換し、変電所から上りと下りの2方面に供給しています。交流き電に適用されるパワーエレクトロニクス機器は、主に電源電圧変動対策に用いられており、単相SVCやSVGなど、いくつかの装置があります。ここで解説するRPC（Railway static Power Conditioner）は、き電のM座とT座間を直接結び、負荷電力の小さい座から大きい座へ有効電力を融通して電力を平衡化すると共に、SVCと同様、無効電力を制御して、き電電圧変動を抑制する装置です。

交流き電用変電設備

交流き電は新幹線が25kV、在来線が20kVですが、単相の交流が必要であるため、電力会社の三相電力を**図1**のスコットトランスなどによって、2組の単相交流（M座、T座）に変換し、変電所から上りと下りの2方面に供給しています。2組の交流は90°位相がずれた電圧であり、直結できないため、切替セクションという中間区間を設けて電源を区分しながら列車に電力を供給します（**図2**）。

交流き電のパワーエレクトロニクス機器は、主に電源電圧変動対策に用いられており、主なものに**表1**のような装置があります。単相SVCはTCR（2-1-2参照）と固定コンデンサーで無効電力を連続的に制御して列車負荷によるき電電圧変動を抑制します。SVGは三相交流電源側に置か

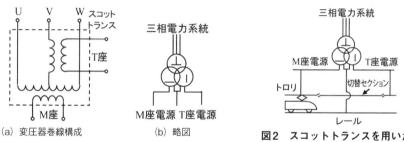

(a) 変圧器巻線構成　(b) 略図

図1　交流き電用変圧器（スコットトランス）

図2　スコットトランスを用いた交流電車への電力供給

表1　交流き電用電力変換器

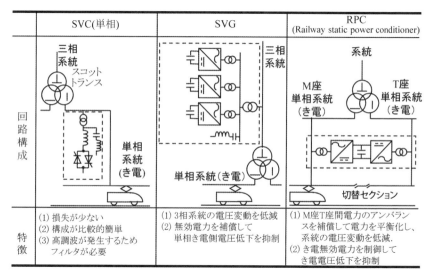

	SVC(単相)	SVG	RPC (Railway static power conditioner)
回路構成			
特徴	(1) 損失が少ない (2) 構成が比較的簡単 (3) 高調波が発生するためフィルタが必要	(1) 3相系統の電圧変動を低減 (2) 無効電力を補償して単相き電側電圧低下を抑制	(1) M座T座間電力のアンバランスを補償して電力を平衡化し、系統の電圧変動を低減. (2) き電無効電力を制御してき電電圧低下を抑制

れます。M座、T座の負荷電力が同一であれば三相交流系統には平衡電流が流れますが、負荷がアンバランスしていると不平衡電力（逆相電力）が発生し、系統電圧を変動させます。SVGは不平衡電流を検出してそれを補償する電流を流すことで電圧変動抑制を行います。

RPC（Railway static Power Conditioner）は、き電のM座とT座間を直接結び、負荷電力の小さい座から大きい座へ有効電力を融通して電力を平衡化すると共に、SVCと同様無効電力を制御して、き電電圧変動を抑

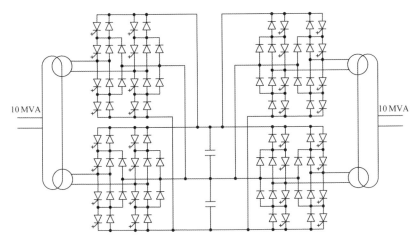

図3　20MVA RPCの構成例（10MVA+10MVA）[1]

制します。

　図3はRPCの構成例[1]でGCTサイリスターを用いて10MVA + 10MVAの単相のBTB（Back To Back：直流側を背中合わせにしたインバーターの意味）の構成になっています。

　RPCは通常は**図4**の様に、M座電源とT座電源の両方を繋ぐ形で接続されて、M座電源とT座電源の間の電力バランスを取るように動作します。これによって、列車が片側にしか走っていないような状態でも、三相電源から見るとM座とT座に同じ負荷電流が流れているように見え、三相がバランスします。

　また、RPCのある変電所がメンテナンスで送電を止めている状態では、隣の変電所から電力供給を受ける状態になりますが、その場

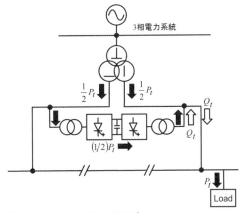

図4　RPCモード時の動作[1]

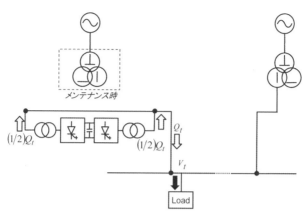

図5 SVCモード時の動作[1]

図6 20MVA RPCの外観[1]

合はBTBの両端を接続して単相のSTATCOM（自励式SVC）としてRPC
の接続点の電圧が下がらないように持ち上げる動作を行います（**図5**）。

　図6に20MVA RPCの外観写真を示します。

【参考文献】

1) Horita, et.al., "Single-phase STATCOM for feeding system of Tokaido Shinkansen",
   Proc. of the 2010 IPEC, pp.2165-2170, June 2010.

車両以外のモビリティーと パワーエレクトロニクス技術

3-3-1船舶は、調査船「ちきゅう」を例に、船舶で使われるパワーエレクトロニクスを紹介したものです。海底深くから地球内部をボーリングするため船の位置を高精度に制御する必要があり、インバーター駆動のモーターでプロペラを回しています。

3-3-2は、昨今の航空機分野の電動化について調査した結果をまとめたものです。まだ、研究プロジェクト段階のものが多く、状況報告のみとなっていますが、近い将来大きな市場を形成する可能性があり、パワーエレクトロニクス技術の進歩が鍵を握っています。

3-3-3は、エレベーターに使われるパワーエレクトロニクスを解説しています。エレベーターの技術は普段あまり目にすることがないかもしれませんが、ほかの技術との共通点や相違点をまとめています。

3-3-1 電気推進船

ポイント

ディーゼルエンジンなどによる駆動ではなく、電動機を用いて駆動する船舶を電気推進船と呼びます。エンジンや発電機、電動機を分散して配置できるので、船内配置設計の高い自由度が得られます。船内電力と推進電力の共用が可能であり、船内電力システムの最適化および効率向上が図れます。また、比較的CO_2の排出量が少なく、低振動・低騒音であり、環境にやさしい輸送手段となります。パワーエレクトロニクスを使って高度な制御ができるため、スムーズな可逆運転・可変速制御が可能で、探査船などにおいて、風、波および潮流といった外乱の中で、船の定位置保持が可能となります

　船舶の推進装置に、電動機ドライブシステムが使われていることをご存知でしょうか。産業革命以降、船舶のエンジンは蒸気機関からはじまり蒸気タービン時代を経てディーゼル機関が発展を遂げてきました。パワーエレクトロニクス技術、とりわけ可変速ドライブ技術の進展による交流電動機制御の著しい性能向上と電動機を内蔵した推進器の登場で、電気推進船の就航が急速に拡大しています。

　電気推進船は、1903年に世界で初めて建造され、2006年9月現在では就航船1265隻、発注数285隻となっています[3]。

　電気推進船は、一般的にはエンジンおよび発電機により得られた電力を、パワーエレクトロニクス機器により変換された交流電力により電動機を駆動し、プロペラに伝達された回転動力により船体の推進力を得ます。なお、

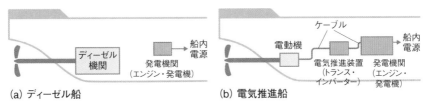

(a) ディーゼル船　　　　　　　　　　(b) 電気推進船

図1　ディーゼル船と電気推進船の船内配置

電気自動車のように電池の電力のみで推進する電池推進船も実用化されていますが、搭載できる電池容量の制限により、短距離航路向けなど、適用は限定的です[4]。

　ディーゼル機関方式では、ディーゼルエンジンの回転動力で直接プロペラを駆動するため、**図1**のように、ディーゼルエンジンの配置上の自由度はあまりありません。これに対して、電気推進方式では、エンジンや発電機、電動機を分散して配置できるので船内配置の高い自由度が得られ、機関室を縮小でき、船型設計の自由度も高くできる特長があります[2]。

　電気推進システムでは、ディーゼル発電機の回転数を一定として効率が良い点で運転可能なため、システム全体の効率が向上します。また、船内電力と推進電力の共用が可能であり、電力消費の多い旅客船やフェリー等において、停泊時、出入港時、航海時のそれぞれにおける電力システムの最適化が図れます。また、環境にやさしい、スムーズな可逆運転・可変速制御が可能で安全性が向上する、低振動・低騒音な船内環境が得られる、などの特長により、大型クルーズ客船、探査船などでの採用が進んでいます。

　また、360度全方向に推力が出せる旋回式の推進装置によって、風、波および潮流といった外乱の中で、船の定位置保持が可能となるので、探査船などでの実績が増えています。ここで、電気推進船の具体的事例を紹介していきます。

地球深部探査船"ちきゅう" [1]、[6]、[7]

　地球深部探査船"ちきゅう"は、地球や生命誕生の謎に迫ったり、過去の気候変動、地殻変動調査のため、地球深部を掘削しサンプルを採取する

探査船です。巨大地震発生やメタンハイドレートの生成メカニズムの解明などが期待されています。水深2500m（将来は4000mの計画あり）の海域で海底下7000mにわたる地質材用（コア）を採取すると共に、船上での研究環境を提供できる科学掘削船であります。人類史上初めてマントルや巨大地震発生域への大深度掘削を目指しています。

主要目を以下に示します[1)、6)]。

(1) 全長　　　　　　　　210m
(2) 型幅　　　　　　　　38m
(3) 船底からの高さ　　　130m
(4) 深さ　　　　　　　　16.2m
(5) 満載喫水　　　　　　9.2m
(6) 総トン数　　　　　　5万6752t
(7) 最大乗船人員　　　　200人
(8) 最大速力　　　　　　12kt
(9) 電気推進装置

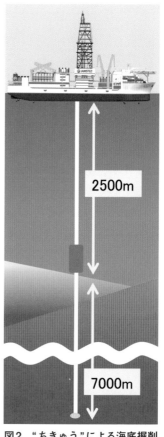

図2 "ちきゅう"による海底掘削

  （a）サイドスラスタ　　　2550kW×船首1台

  （b）アジマススラスタ　　4200kW×船首3台、船尾3台

(10) 発電機容量

  主発電機 5000kW×6台、補助発電機 2500kW×2台

　"ちきゅう"による海底掘削の様子を**図2**に示します。このように、船体と海底の掘削孔はパイプにより繋がっているため、大水深域で安全かつ効率的に掘削作業を行うためには、風、波および潮流といった外乱の中で、確実に自船位置および方位を保持する必要があります。

　位置保持のため、電気推進システムとして、360度全方向に推力が出せる4.2MWの旋回式推進装置（アジマススラスタ：azimuth thruster　**図3**）6台と2.55MWの横方向の推進装置（サイドスラスタ：side thruster）1台が装備されており、各々の推進装置はPWMインバーターによる電気推進方式にて回転数制御されています。

　この推進装置を、GPSや水中音響による測位センサー情報や風向・風速の情報をもとに、風、波、潮流といった外乱の中で制御を行って位置保持を行うための装置として自動船位保持装置（Dynamic Positioning System：DPS）が搭載されています。それによる定位置保持制御の結果、最大瞬間風速26.8m/sという暴風状態においても、10m以内に留まる

図3　アジマススラスタ[8]
（写真：ⒸJAMSTEC）

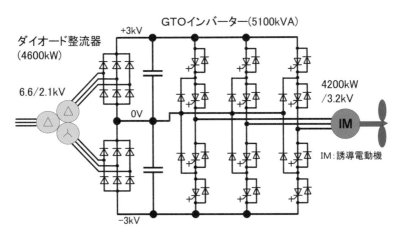

図4　アジマススラスタ駆動用インバーター構成図

ことが実証されていま
す[5]。

　図4にアジマススラ
スタ駆 動 用インバー
ターの構成図を示しま
す。発電機からの交流
を直流に変換する整流
器には、小型・軽量化
のためダイオード整流
器が採用されていま
す。発電機側への高調

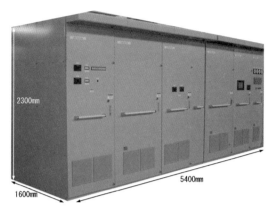

図5　アジマススラスタ駆動用インバーター装置外観

波低減のため、トランスの2次巻線間に、30度の位相差を設けています。
インバーターとしては、GTOを用いた5100kVA 3レベルインバーターが
適用されています。**図5**に装置の外観を示します。（注記：なお、これら
は建設当時の仕様です。2020年にIEGTを用いたインバーターに換装が行
われています。）

【参考文献】

1）https://www.jamstec.go.jp/chikyu/j/

2）堤、「電気推進システムの現状と動向」、日本船舶海洋工業会誌　第66号（平成28年5月）

3）大野他、「船舶における可変速交流ドライブ技術」、平成20年電気学会産業応用部門大会

4）木船他、「船舶用電動力応用システムの技術動向」、平成29年電気学会産業応用部門大会

5）https://www.jamstec.go.jp/chikyu/j/magazine/graphic/no12/page02.html

6）坪川他、「地球深部探査船“ちきゅう”の船体部及び自動船位保持システムの全体性能」、
三井造船技報No.186（2005-10）

7）大村他、「人類未踏に挑む地球深部探査船“ちきゅう”の最新技術」、三菱重工技報告
VOL.43 NO.1（2006）

8）https://www.jamstec.go.jp/chikyu/j/magazine/graphic/no14/index.html

3-3-2 電動飛行機

ポイント

モーターを使ってファンを駆動する飛行機は電動飛行機と呼ばれます。電動飛行機も電動車と同様、蓄電池だけをエネルギー源とするピュアエレクトリック、タービンと蓄電池をエネルギー源とするパラレルハイブリッド、またタービンで発電した電気でモーターを駆動するシリーズハイブリッドなどがあります。電動飛行機と言っても小型機か大型旅客機かで、要求されるパワーは異なり、モーターを駆動するインバーターの容量は、数十kW～数十MWの広範囲となります。電動飛行機用パワーエレクトロニクスは電力の形を自由自在に変換できるため、さまざまな構成の駆動システムが検討されています。

　飛行機は、現在、化石燃料から作られた燃料を用いています。最も身近な飛行機、ジェット旅客機では燃料を燃焼してガスを後方に排気するとともに、タービンでファンを回して推進力を得ています。一方、航空旅客の需要は2018年に対し2038年では約2.4倍と予測されています[1]。そのため、航空機のCO_2排出削減が世界的に重要な課題として検討されています。IATA（国際航空運送協会）などが、航空機からのCO_2総排出量を2050年には2005年時点の50％にまで削減する目標を掲げています[2]。

　CO_2削減のための方法としては、機体の空気抵抗低減、エンジン改良、ファン口径増加などの従来技術の延長よる燃費向上だけでは達成が困難とされ、バイオガス、電動化などによる脱化石燃料の新しい技術が期待されています。

国内の電動飛行機（電動航空機）の技術開発については、JAXAの次世代航空イノベーションハブが代表を務める「航空機電動化コンソーシアム（ECLAIR）」が産官学により組織され、航空機電動化将来ビジョンなどが発表されていますので参照ください[3]、[4]。ここでは、どのようなパワーエレクトロニクスが飛行機電動化で検討されているかという観点で、最近の動向を紹介します。なお、航空機の装備品の電動化にパワーエレクトロニクスが使われていますが、ここでは航空機のメインの推進力を得るための電動化に貢献するパワーエレクトロニクスを説明します。

飛行機の電動推進の種類

モーターでファンを駆動して飛行機を推進する電動推進の方法には、自動車と同様、いくつかの種類があります。図1に模式図で違いを示します[5]、[6]。

ピュアエレクトリック：バッテリーの直流電力をインバーターにより適切な周波数の交流電力に変換しモーターを回転させ推進ファンを駆動。
パラレルハイブリッド：ジェット燃料の燃焼による推力に加え、バッテリーの直流電力をインバーターにより適切な周波数の交流電力に変換しモーターを回転させ推進ファンを駆動。
シリーズハイブリッド：ジェット燃料の燃焼で推力を得るとともに、発電機により交流電力を発電、離れた場所にインバーターとファンを設置、インバーターにより適切な周波数の交流電力に変換しモーターを回転させ推進ファンを駆動。

なお、比較対照のため、従来のジェット機の構成を合わせて示します。

飛行機を飛ばすためのパワー

飛行機といっても、軽飛行機から大型旅客機などさまざまなものがあります。これらの飛行機を動かすためには、どの程度の大きさのパワーが必要なのでしょうか。電動航空機コンソーシアムの発表資料によると、数十

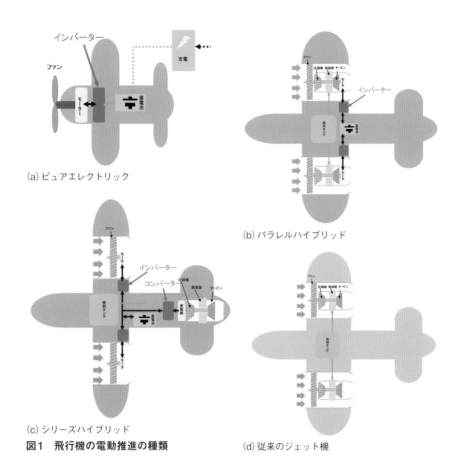

(a) ピュアエレクトリック

(b) パラレルハイブリッド

(c) シリーズハイブリッド

(d) 従来のジェット機

図1 飛行機の電動推進の種類

kW〜数十MWのエンジンが使われています[4]。数十kWは、すでに紹介した電気自動車のインバーターとモーターで十分対応できるパワーです[6]。小型機のエンジンと電気自動車用のインバーター、モーターについて比較すると、要求されるパワーは同等ですが、さらに軽量化、高トルク、冷却性、高信頼性など航空機に必要とされる性能が求められます[7]。小型機の場合は、航続距離が短いので、ピュアエレクトリック構成で実現性が高いとされています[4]。国内での実験として、JAXAが60kWのモーターを搭載した電動飛行機を開発し初の有人実証試験をしました[8]。

大型旅客機に必要なパワーは1000kWを超え、航続距離は数千〜数万

kmが必要になります。航空機の中でCO_2排出が多いのは、大型旅客機と推定されています[4]。しかし、現在のバッテリー技術ではエネルギー密度（貯蔵エネルギー（kWh）と重量（kg）の比率）が低く、電池ですべてのエネルギーを賄おうとすると電池重量が重くなり、航続距離が長くとれません[6), 9]。そのため大型旅客機では、ハイブリッド方式による電動化が検討されています[5]。なお、エンジンを用いずにエネルギー密度を向上するための方法として、再生可能な燃料から燃料電池を使って発電する方法が検討されています[10]。

電動飛行機を推進するためのパワーエレクトロニクス

図1に示すように、電動飛行機の基本的な構成は電動車と同じになっています。ハイブリッド構成で、発電機の原動機がタービンになる、モーターの駆動対象がファンになる点が自動車の場合と異なります。しかし、パワーエレクトロニクスに要求される電気的な機能は同じです。

タービンを最も効率よく運転する回転速度がありますので、その回転速度で発電機を回して得られる電気の周波数は、ファンを回すための回転速度に関係ありません。そのため、発電機の交流電力を一旦、コンバーターで直流電力に変換し、それをインバーターでモーターに適した周波数の電力に変換することが検討されています。いったん直流電力に変換すると、発電機からモーターまでプラスとマイナスの2本の電線で配線できるため、軽量化になると考えられています[11]。

図1の(d)従来のジェット機と(c)シリーズハイブリッドを比較すると、電動化された飛行機には、発電機、コンバーター、インバーター、モーターが追加されています。これらにより飛行機の重量が増すため、追加される電気機器の軽量化が課題とされています。コンバーター、インバーターについては、受動部品を減らして軽量化する必要があるなど検討がされています[9]。航空機の場合、このほかに、高空を飛行するため気圧が低いことから、パワーエレクトロニクスの絶縁設計、冷却設計について、地上に設置される設備や電気自動車とは異なる課題があります[9]。

【参考文献】

1) 「民間航空機に関する市場予測　2019－2038」日本航空機開発協会ホームページ、資料・データ類、航空機需要予測、2019年3月
http://www.jadc.jp/files/topics/143_ext_01_0.pdf

2) IATAホームページ　Policy Climate Change
https://www.iata.org/en/policy/environment/climate-change

3) JAXA航空技術部門ホームページ　「航空機電動化（ECLAIR）コンソーシアム　次世代航空イノベーションハブの活動」
http://www.aero.jaxa.jp/about/hub/eclair/

4) JAXA次世代航空イノベーションハブ、「航空機電動化 将来ビジョン ver.1」航空機電動化（ECLAIR）コンソーシアム第1回オープンフォーラム発表資料、2018年12月21日
http://www.aero.jaxa.jp/about/hub/eclair/pdf/eclair_vision.pdf

5) JAXA航空技術部門ホームページ『特集「電動航空機」』
http://www.aero.jaxa.jp/spsite/eclair-sp/

6) 航空機国際共同開発促進基金ホームページ 航空機等に関する解説概要「30-7　電動推進航空機の最新動向」
http://www.iadf.or.jp/document/pdf/30-7.pdf

7) 三戸信二「電動航空機用モータ開発　～クルマ用モータと空用モータとの違いについて～」、航空機電動化（ECLAIR）コンソーシアム第2回オープンフォーラム講演資料、2019年11月28日
http://www.aero.jaxa.jp/publication/event/pdf/event191128/09eclair.pdf

8) JAXA航空技術部門ホームページ　「航空機用電動推進システム／ハイブリッド推進システム」
http://www.aero.jaxa.jp/research/frontier/feather/

9) Ajay Misra,「Energy Conversion and Storage Requirements for Hybrid Electric Aircraft」Presented at 40th International Conference and Expo on Advanced Ceramics and Composites Jan. 24–29, 2016
https://ntrs.nasa.gov/archive/nasa/casi.ntrs.nasa.gov/20160010280.pdf

10) Grigorii Soloveichik,「Electrified future of aviation: batteries or fuel cells?」Presented at 2018 ARPA-E ENERGY INNOVATION SUMMIT, March 13, 2018
https://arpa-e.energy.gov/sites/default/files/Grigorii-Soloveichik-Fast-Pitch-2018.pdf

11) 大依　仁「次世代モビリティのための旅客機と電動化システムの将来」、IHI技報、2019年11月28日

エレベーター

ポイント

都市部を中心としたビルの高層化や、交通バリアフリー法の施工により、1日当たりの平均的な利用者数が5000人以上である旅客施設にはエレベーター（またはエスカレーター）の設置が義務付けられるなど、都市部における縦への輸送手段として、エレベーターの重要性がさらに高まってきています。また、建物の省スペース化や高さ制限などに対応するため、エレベーター装置自体の小型化、いわゆるマシンルームレス化へのニーズや、災害時に停止しないハイブリッド駆動方式へのニーズが高まっています。また、超高層ビルへの適用のため、高速化や大量輸送化へのニーズが強くなってきています。特に、超高層ビルにおいては、最上階に展望スペースが設けられる場合が多いため、人員を効率的に輸送する手段として、超高速・大容量エレベーターが必要とされています。こうしたさまざまな要求に応えるべく、パワーエレクトロニクスを駆使した駆動制御方式が開発・採用されています。

エレベーターでは**図1**に示すように、人が乗降するかご部分と、つり合いを保つための重りをロープでつなぎ、巻上機用モーターをインバーターにより可変速運転を行っています。一般的には、つりあい重りは定格積載重量の約1/2の積載条件でつりあうように設定されています。このため空車時にかごを下降させる場合や満車時にかごを上昇させる場合は力行運転となり、空車時にかごを上昇させる場合や満車時にかごを下降させる場合は回生運転となります。つまり、エレベーターは回生運転の発生頻度が極めて

多いアプリケーションであると言えます。

　インバーターの容量は数kVA〜1000kVAです。比較的小さな容量では、**図2**のようにダイオード整流器を採用したシステムになっており、回生時は抵抗を用いたブレーキ回路によりエネルギーを消費しています。最近の省エネルギー化の流れにより、電源回生可能な変換器（PWMコンバーター）の採用の動きがあります。

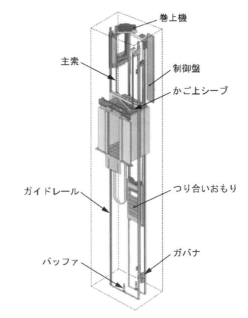

図1　エレベーターシステム
（出典：「東芝レビュー」、Vol. 58、No. 12、2003）

災害時に停止しないハイブリッド駆動システム

　つり合い重りを用いたエレベーターは、かご内の乗車人数と運転方向により、力行と回生を繰り返します。需要の大多数を占める中低層ビルに設置されてい

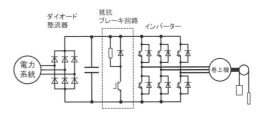

図2　小容量のエレベーターシステム

るエレベーターには、規模やコスト面の制約から電源回生機能を備えておらず、抵抗を用いて熱消費していました。ハイブリッド駆動システムでは、この回生エネルギーを有効活用するため、制御装置内に電池を設け、回生時に充電し、力行時に電池から電力を供給することで約20%の省エネルギーが可能となっています（**図3**）[1]。

　常時、充放電を繰り返すため、温度管理や充放電管理などにより、電池

の寿命維持が図られています。また、停電時に停止せずに最寄り階までの継続運転を可能とし、停電時の急停止を回避できるようになっています。停電時対応の電力を確保するため、電池の容量管理や無停電電源切替えが実施されています。

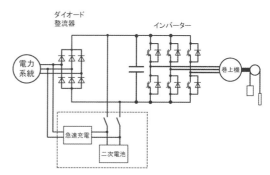

図3　急速充電装置を備えたハイブリッド駆動システム

特に高層マンションや病院、公共機関などからの市場ニーズに応えて、災害による停電時にもエレベーターを動作させることが要求されています。このため長寿命の2次電池バッテリーを採用し、急速充放電や高出力で大実効容量の特長を生かして最短4時間で

図4　上海中心大厦[4)]　写真提供：三菱電機株式会社
定格速度1230m/minの超高速エレベーター

の満充電と、最長2時間の運転も可能となっています[2)]。

超大容量高速エレベーター

近年のビルの超高層化により、高速かつ大容量や高昇降行程のエレベーターが要求されています。世界最速クラスの定格速度1230m/minの「上海中心大厦」（**図4**）向け超高速エレベーターや、1010m/minの「TAIPEI 101」向け超高速エレベーター、昇降行程400mを超える「上海環球金融中心」向け高昇降行程エレベーター、40人乗りで定格速度600m/minの

「東京スカイツリー®」向け大容量超高速エレベーター、90人乗りで定格速度300m/minの超大容量高速シャトルエレベーターなどです。

特に、超高層ビルにおいては、最上階に展望スペースが設けられる場合が多いため、人員を効率的に輸送する手段として、超高速・大容量エレベーターが必要とされています。

超高速・大容量のエレベーターを駆動するためには、モーターとインバーターの大容量化が必要となります。このため、モーターには、同等サイズで大容量出力可能な二重三相方式のモーターを採用し、これを2台のインバーターにより並列駆動し、大容量化が実現されています（**図6**）[4]。

©TOKYO-SKYTREETOWN

図5　東京スカイツリー[3]
40人乗りで定格速度600m/minの大容量超高速エレベーター（出典：「東芝レビュー」、Vol.67、No.11、2012）

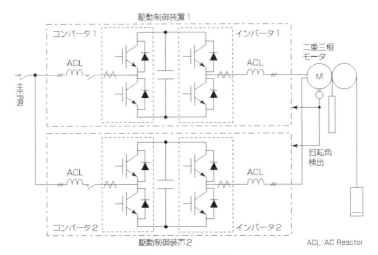

図6　超高速エレベーターの駆動制御システム構成[4]
（出典：「三菱電機技報」、Vol. 91、No. 3、2017）

【参考文献】

1）石井他、「革新を続けるエレベータ」、東芝レビュー Vol.58 No.12（2003）

2）嶋根他、「グローバルに展開する標準型エレベーター」、東芝レビュー Vol.67 No.11（2012）

3）田中他、「東京スカイツリー®向けエレベータの最新技術」、東芝レビュー Vol.67 No.11（2012）

4）坂野他、「世界最高速エレベーターの要素技術」、三菱電機技報　Vol. 91・No. 3・2017

第**4**章

工場／設備

製鉄・製紙工場などのモーター駆動

　本項では、モータードライブ装置が、各産業・工場において、どのようなところに使われていて有用となっているかを、説明しています。モーターは、さまざまな工場にて多数使用されています。代表的な適用例として製鉄工場（4-1-1）や製紙工場（4-1-2）があげられます。製鉄工場では、圧延という工程において鉄の塊をモータードライブによって薄い鉄板に延ばす加工を行っています。製紙工場では、紙の種を吐出する機械から、紙として成形して最後に巻き取るまで、モータードライブによって駆動されています。これらの装置では、大出力のモーターをきわめて精密に制御しなければならず、半導体デバイスを駆使したパワーエレクトロニクス技術が必要不可欠です。その他に、港湾設備、鉱山巻上機、火力発電所など、さまざまな産業分野でモータードライブ装置が活躍している様子を、4-1-3で解説しています。

4-1-1 製鉄工場

ポイント

製鉄所においては、スラブと呼ばれる鉄の塊をローラーにより薄く延ばし、製品として鉄板をつくり出しています。この鉄の塊を薄く延ばす圧延という工程に、パワーエレクトロニクス機器が多数使われています。鉄板を造り出すためには、ロールを電動機（モーター）で加減速駆動する必要があります。古くは直流電動機が適用されてきましたが、この時代含め電動機を加減速駆動するためには、パワーエレクトロニクス装置が欠かせません。近年ではパワーエレクトロニクス技術の進展により交流電動機を高精度に駆動することが可能となっており、高品質な鉄の製品を造り出すことに寄与しています。

　製鉄工場で使われる電動機（以下、モーター）およびインバーターに対しては、高い過負荷耐量と、インパクト負荷に対する高い応答性が要求されます。応答性としては、数十ミリ秒というオーダーであり、そのために1ミリ秒（1/1000秒）毎にきめ細かな制御を行っています。

　製鉄所においては、圧延と呼ばれる鋼板の製造工程にパワーエレクトロニクス機器が多数適用されています。この工程では、スラブと呼ばれる鉄塊の原材料が、ホットストリップミル（熱間帯鋼圧延機）により薄く延ばされ、ホットコイルが製造されます（**図1**）。さらにタンデムコールドミル（冷間連続圧延機）により常温で圧延され、自動車や家電製品に用いられる厚さ1mm程度の鋼板に加工されます。これらの圧延工程においては、数kWから1万kW以上の広範囲にわたる容量のモーター、およびそれを

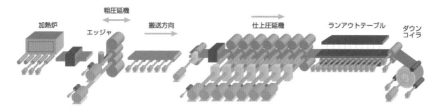

図1　鋼板の圧延製造工程

駆動するインバーターが多数用いられています。

ホットストリップミル（熱間帯鋼圧延機）

　ホットストリップミルは、そのラインの総長が約1km、総電力需要10万kWに及ぶ、大規模かつ高度な代表的鉄鋼プラント設備です。総電力需要は、一般家庭の1世帯あたりの需要を3kWとすると、約3万世帯分の電力となります。

　1000℃以上に加熱された厚み250mm程度の原材料スラブは、圧延プロセスを経て厚み1mmから6mm程度の鋼板となり、毎分1200m程度の高速で、巻取機によってコイル状に巻き取られます。

　図3にホットストリップミルの構成図と、そのモーター駆動用インバーターの適用例を示します。スラブは、可逆圧延方式の粗圧延機で、40～60mmの厚さまで圧延されます。粗圧延機駆動用の主モーターの容量は上ロール、下ロール駆動用にそれぞれ7000kW～8000kWであり、回転数は毎分数十～100回程度になります。インバーターとしての駆動周波数は1Hz～10Hz程度と低周波です。ロールは、毎分数回転の低速でスラブを噛み込み、その後、数秒で所要速度まで加速します。圧延材の後端が、圧延機から抜ける前に減速し、圧延材が噛み離されます。その後、回転方向を逆転させて、逆方向の圧延を行います。このように、モーターおよびインバーターに対しては、高い過負荷耐量と、インパクト負荷に対する高い応答性が要求されます。応答性としては、数十ミリ秒というオーダーであり、そのために1ミリ秒（1/1000秒）毎にきめ細かな制御を行っています。

図2　ホットストリップミルの仕上げ圧延機

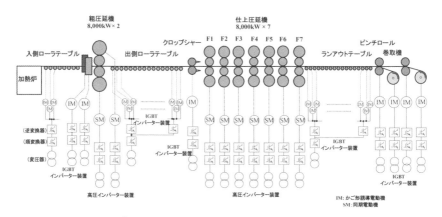

図3　ホットストリップミルの構成とインバーターの適用例

　仕上げ圧延機（**図2**）駆動用の主モーターの容量は、7000kW～10000kWで、回転数は毎分数十～数百回であり、インバーターとしての駆動周波数は5～30Hz程度になります。仕上げ圧延機においても、材料の噛み込み時にモーターの回転速度が瞬間的に降下しますが、この降下量が大きいと製品の品質に影響を与えます。したがって、高い制御応答性が要求さ

れます。また、大容量機であることもあり、インバーター駆動装置の入力
電源力率が高いこと、および電源系統へ流出する高調波が少ないことが要
求されます。

　粗圧延機や仕上げ圧延機の主機駆動としては、近年では3kVクラスの高
電圧・大容量電圧形インバーター装置が用いられています。図4に主回路
構成図を、図5に装置外観を示します。図4は、3レベル方式の主回路構成
で、インバーターの出力電圧を正弦波に近づける方法となっています。3

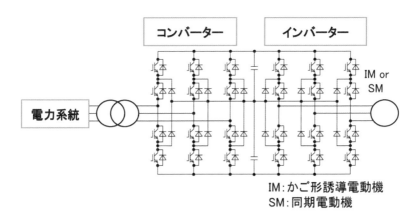

図4　3レベルインバーターの主回路構成図

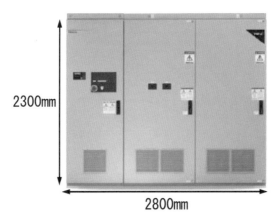

図5　3kVクラスの高電圧・大容量電圧形インバーター装置の外観

レベル方式は別名NPC方式とも呼ばれています。NPCとは、Neutral Point Clampedの略で、「中性点クランプ式」と訳されています。同一定格のパワー半導体デバイスを用いて3レベルインバーターを構成した場合、インバーター出力可能電圧は2レベルインバーターに比べ2倍となり、大容量化を実現する方法にもなっています。

3レベルインバーターは、**図6**に示すようなスイッチング・パターンによって、1相あたり、S1とS2をONさせた場合+Ed、S2とS3をONさせた場合0、S3とS4をONさせた場合-Edの3レベルの出力電圧が得られ、出力線間電圧は5レベルとなります。

図4において、交流を直流に変換する整流器部分には、3レベルPWMコンバーターを適用しています。これは、用途として頻繁に力行と回生を繰り返すため、回生可能な変換器であること、高調波を抑制することが可能な変換器であることが求められるからです。直流を交流に変換する部分には、整流器部分とは対称な3レベルPWMインバーターを適用しています。

一方、ホットストリップミルでは、圧延機を駆動する主機以外に、補機駆動と呼ばれる多数のインバーターが用いられています（図3）。ランアウトテーブルや巻取機駆動などで、容量は数十kWから1000kWクラスまで

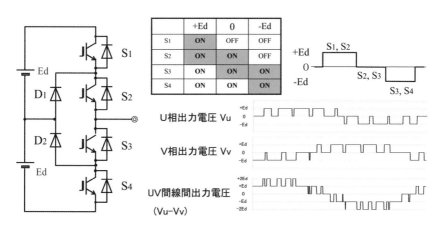

図6　3レベルインバーターの動作と出力電圧波形

▶▶ 力行と回生

　モーターのような回転体を加速させるには、モーターに対して力（パワー）を供給する必要があります。回転体の場合の力はトルクと呼ばれています。トルクがプラスの場合が、力行の状態です。

　自動車を例にとると（図A）、停止状態から発進するとき、また、坂道を上るときにアクセルを踏みますが、この状態に相当します。逆に、坂道を下るときや、停止するときは、ブレーキを踏みます。このとき、モーター側からパワーの供給を受け、モーターが減速します。トルクはマイナスとなり、これが回生の状態です。

　電気自動車の場合は、インバーターを適切に制御することにより、直流側の蓄電池にエネルギーをため込むことができます。製鉄工場や製紙工場のモータードライブ装置においては、通常直流側には蓄電池は設けていないので、コンバーターを介して電力系統側にエネルギーを回生させます。本文の図4の例では、モーター側からのエネルギーをインバーター⇒コンバーターを介して電力系統側に送ります。コンバーターの種類によっては、ダイオード整流器は回路上、回生能力がないため、回生が必要な用途の場合はPWMコンバーターが選定されます。

　速度の極性と、トルクの極性により、図Bのように4つの象限が得ら

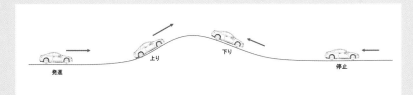

図A　自動車の走行における力行と回生

れます。速度とトルク
の極性が同じ象限が力
行、異なる象限が回生
となります。エレベー
ターなどの巻き上げ機
は、4つの象限での運
転が必要となります（4
象限運転）。

　モータードライブ装
置の制御としては、一

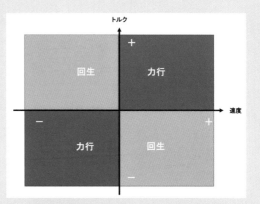

図B　速度の極性とトルクの極性がつくる4つの象限

般的にはモーターの回転速度を検出するセンサーをモーター端に設
け、この検出速度を制御上のフィードバック信号として、速度基準と
突き合わせることにより自動制御が行われています。概略ブロック図
を図Cに示します。回転速度が基準（目標値）より小さい場合はトル
クを大きくし、目標値を超えた場合はトルクを小さくします。このよ
うな制御を1ミリ秒（1/1000秒）毎にきめ細かく行うことにより、
高精度・高性能が達成されています。

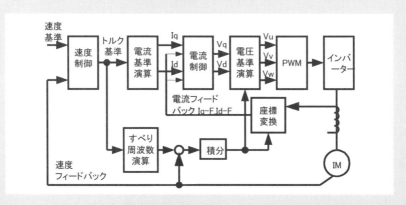

図C　モータードライブ制御の概略ブロック図

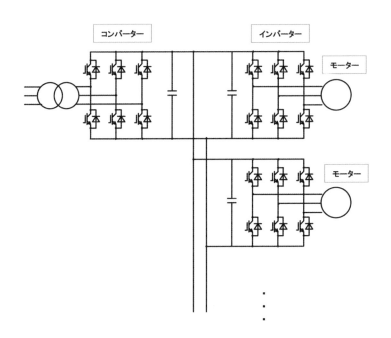

図7　共通コンバーターによる補機駆動インバーターの構成

様々です。一般的に容量が小さい補機駆動では、複数のインバーターを、共通の直流電源（コンバーター）にて接続することが多いです（**図7**）。

タンデムコールドミル（冷間連続圧延機）

　ホットストリップミルにより製造されたホットコイルは、再びタンデムコールドミル（冷間連続圧延機）により、さらに薄く圧延されます。材料を加熱せず、常温で圧延することからコールドミルと呼ばれます。従来は、1コイル毎に圧延を行う手法（バッチ式）が実施されてきましたが、最近では、前段の酸で洗う処理を含め連続化した連続酸洗・タンデムコールドミルが主流になっています。

　図8は連続酸洗・タンデムコールドミルの構成図と、そのドライブ装置の適用例を示しています。ペイオフリールから払い出された鋼板は、溶接機で接合されて、連続的に酸洗タンクに送られ、酸洗後、タンデムコール

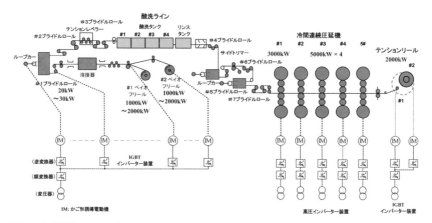

図8 連続酸洗・タンデムコールドミルの構成とインバーターの適用例

ドミルにて、0.1mmから2.5mm程度まで薄く圧延されます。

タンデムコールドミル駆動の主機モーターは、3000kW〜5000kWで、モーター回転数は最大毎分1200回程度であり、インバーターとしての駆動周波数は60Hz程度です。

タンデムコールドミル用ドライブ装置では、製品の高品質化、すなわち極薄化と板厚精度向上に対する要求の高まりから、極低速運転から高速運転までの全速度領域において高精度な制御が要求されます。特に、モーターの回転力に脈動（トルクリップル）が生じると、製品である鋼板の光沢に影響を与えるため、トルクリップルを低く抑えることが重要です。ここでも、最新のパワーエレクトロニクス技術により、低トルクリップルの特性が実現されています。

ポイント

製紙工場では、抄紙機と呼ばれる紙を抄く機械に、多数のパワーエレクトロニクス機器が用いられています。製紙工場では、新聞紙やティッシュペーパーなど、様々な種類の紙がつくられています。2018年の日本国内での生産量は、2607万トンに上り、国内消費量をまかなっています。抄紙機を駆動するためには、機械を電動機（モーター）で加速し、一定の速度に高精度で制御する必要があります。古くは直流モーターが適用されてきましたが、この時代含めモーターを高精度で駆動するためには、パワーエレクトロニクス装置が欠かせません。

　製紙工場においては、抄紙機と呼ばれる紙を抄く機械に、多数のパワーエレクトロニクス機器が用いられています。ひとつの抄紙機あたり、総容量2万kW、100台以上の規模にもなります。製紙工場では、新聞紙やティッシュペーパーなど、様々な種類の紙がつくられています。抄紙機の駆動速度は、速いもので3000m／分であり、かなり高速です。また、新聞紙、上質紙などは薄くて切れやすいので、その抄紙機の速度は最高速度の1万分の1の精度でコントロールされる必要があります。このため駆動装置に用いられるパワーエレクトロニクス機器には、高性能および同等の高精度速度制御が要求されます。抄紙機の外観を**図1**に示します。

　抄紙機は、原料（水に溶けたパルプ）から水分を落とすワイヤーパートから、紙を巻き取るリールパートに至るまで、セクションと呼ばれるいくつかの部分工程に分かれています（**図2**）。

図1　抄紙機の外観

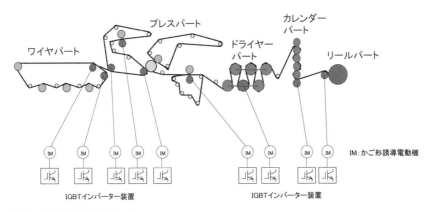

図2　製紙工程のセクション

(1) ワイヤーパート

(2) プレスパート

(3) ドライヤーパート

(4) カレンダーパート

(5) リールパート

各工程には、さまざまなロールがありますが、パワーエレクトロニクス技術を駆使したモータードライブ装置により、高精度にその回転数を制御しています。一般には、低電圧クラスの2レベルインバーターで構成されており、複数のインバーターが、図3のように共通の直流電源（コンバー

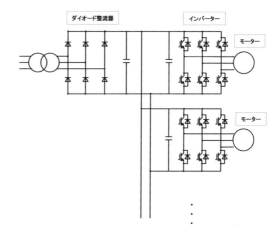

図3　製紙用モータードライブ装置のインバーター構成図

ター）によって接続されることが多いです。製紙工程用のモータードライブ装置では、製鉄のように急加速・急減速を繰り返すことはなく、回生が不要なケースでは、共通直流電源としてダイオード整流器が使われることも多いです。

　以下、代表的なパートについて紹介します。

（1）ワイヤーパート

　まず、紙の原料である種（パルプを水に溶かしたもの）をワイヤー上のヘッドボックス（噴出口）にファンポンプと呼ばれるポンプで送り出します。

　ヘッドボックスからワイヤー上に吐き出される種のスピードとワイヤーのスピードが合っていないと、ワイヤーに乗ったときのパルプ繊維の質が乱れるため、同じ速度になるようにヘッドボックスの圧力などがコントロールされます。

　ファンポンプは2乗トルク負荷で、可変速による省エネ効果が大きいため、早くからインバーター駆動による可変速化が行われています。

　ワイヤーパートはヘッドボックスから流出した原料を脱水し、紙層を形成させるセクションです。

　ワイヤーは一般にプラスチックでできており、表面に小さな穴が無数にあいています。

　高速走行するワイヤー上に噴出された原料（種）は大量の水を含んでいますが、ワイヤーに乗るとその無数の穴から水（水分）だけが下に落ちる仕組みになっています。また、サクションボックスという真空ポンプによる脱水装置により、水が吸い込まれていきます。

（2）プレスパート

　ワイヤーパートで形成された紙は、水分を80%程度含んだ湿紙であるので、次のプレスパートでさらに水分を絞り出します。

　プレスパートでは、湿紙はフェルトと共に、2本のロール間で力が加えられます。水分はフェルトにも給水されて、湿紙の水分量は下がって行きます。

（3）ドライヤーパート

　プレスパートでかなり脱水された湿紙は乾燥のためにドライヤーパートへと入っていきます。

　図4のように、直径1.2〜1.8mの鋳鉄製シリンダーが多数設置されており、このシリンダー内部に蒸気を送り込みます。

　シリンダー表面は蒸気によって加熱され、湿紙が多数のシリンダーを通る間に乾燥されて6〜10%の水分量まで乾燥されます。これらのシリンダーは3〜7群程度のグループ（群）に分けられます。

　また、群内のシリンダー

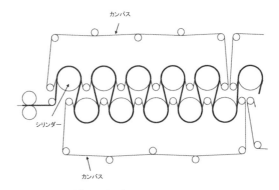

図4　ドライヤーパート

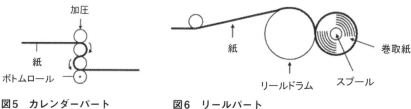

図5　カレンダーパート　　　図6　リールパート

にはカンバスと呼ばれるシートが掛けられており、紙はこのカンバスによって次々とシリンダーを通り抜けていきます。

（4）カレンダーパート

塗工パートにおいて塗工液を塗っても、紙の表面に凹凸があって光沢が得られないため、カレンダーで圧力をかけることにより凹凸を無くして光沢を出します。**図5**のように複数本のロールを重ねて加圧し、その間に紙を通して紙の表面を平滑にします。

（5）リールパート

最終的に紙を巻き取るパートです（**図6**）。カレンダーパートから次々と送られてくる紙をスプールと呼ばれる心棒に巻き取って行きます。

リールドラム側をモーターで駆動し、スプールをドラムに押し付けることにより、スプールに紙が巻き取られて行きます。モーターの回転速度にムラがあると、しわとなったりしてきれいに巻き取ることができません。駆動装置には、高性能が要求されます。巻き取られた紙の長さは、80kmにもなることがあります[1]。

【参考文献】

1）日本製紙グループホームページ
　　https://www.nipponpapergroup.com/knowledge/chip/factory1.html

港湾設備、鉱山巻上機、火力発電所、LNGプラント

4-1-3

港湾設備

　港湾やビル建築現場において**図1**のようなクレーンを見かけることがあると思います。クレーン（Crane）は、元々、ツルとかサギという意味ですが、形が似ていることからクレーンと呼ばれるようになったと言われています。

　港湾で見かけるコンテナクレーンは、港に入港した貨物船のコンテナの積み下ろしを行うための装置です。クレーンには動作に応じて電動機（以下、モーター）が設置されており、電気の力で動いています。コンテナクレーンの動作は、**図2**のように、コンテナを上昇・下降する"巻き上げ・巻き下げ"、コンテナを岸壁に対して垂直に移動させる"横行"、クレーン本体を岸壁に平行に移動させる"走行"、アーム状の部分（ブームと呼ばれる）を持ち上げる"起伏"があり、それぞれ数kW〜1000kWの電動機が低電圧の2レベルのインバーターにて駆動されています。加速／減速、正転／逆転といった4象限運転が繰り返されるのが特徴です。

図1　ビル建築現場のクレーン（左）と港湾のコンテナクレーン（右）
（写真左：日経クロステック、写真右：Wikimedia Commons　https://commons.wikimedia.org/wiki/
File:Nahashinkou_gantry.jpg）

　"走行"は、海側用、陸側用で別々のインバーターで駆動しており、お互いのバランスを取りスムーズに移動できるような制御を行っています。

　それぞれの動作用のモーターで、"巻き上げ・巻き下げ"と"走行"、"横行"と"起伏"は同時には動かな

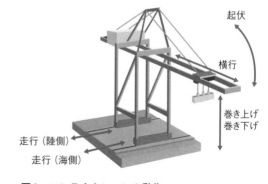

図2　コンテナクレーンの動作

いので、これらに対しては、**図3**のように、インバーターは共用化されることが多いです。

鉱山巻上機

　巻上機とはワイヤーロープで荷を巻上げる装置全般をいい、クレーンやエレベーターなども巻上機の一種です。4象限運転（加速／減速、正転／逆転）が必要であり、パワーエレクトロニクス技術が大きく発揮されます。

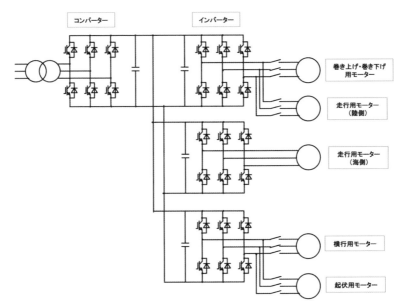

図3　コンテナクレーンのインバーター構成

　炭鉱や金属鉱山において、地表から地中へと垂直に掘られた穴のことを立坑と言い、立坑の底を抗底と呼びます。立坑巻上機とは、抗底に降りるための一種の巨大エレベータで、地中深く掘られた立坑の底から石炭や鉱石を地表まで運び出すために用いられます。南アフリカの金鉱山などでは1本の巻上機で2000m強の深さまで掘り下げられています。最高速度は、15m／秒以上のものもあり、積載重量も10tを超えます。

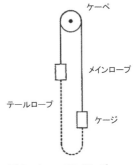

図4　ケーペワインダー

　このような大形の装置を駆動するためモーターの容量も大きく、深い鉱山が多い南アフリカでは数千kWクラスのものが主流です。

　巻上機は、構造によってケーペワインダー（Koepe Winder）、ドラムワインダー（Drum Winder）などの種類があります。ケーペワインダーは、**図4**のように、1つの溝を持った大きな駆動滑車（ケーペ）に1本のロープ

を巻き掛けて、その両側にケージ（篭）を吊るします。テールロープ（Tail Rope）と呼ばれるロープをケージの底に取り付けて、両側の荷重のバランスを取るようになっています。

ドラムワインダーは、ドラムにロープを巻取る方式で、広く用いられています。**図5**は、ドラムが1台のシングルドラムワインダー（Single Drum Winder）で、ケーペワインダーのように巻上げと巻下げを同時に行うことはできないですが、最も簡単な巻上機です。一般には小型の巻上機用です。

図6はダブルドラムワインダー（Double Drum Winder）で、ケージのロープが2台のドラムにそれぞれ右巻と左巻で巻き付けられているので、巻上げ巻下げが同時に行え、また、負荷のバランスも取れます。

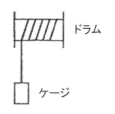

図5　シングルドラムワインダー

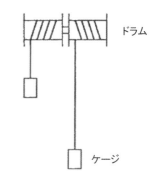

図6　ダブルドラムワインダー

2台のドラムがクラッチでつながれている場合は、クラッチを切り離してシングルドラムとして運転することができます。

火力発電所

火力発電所などのボイラーでは、燃料を燃焼して水を沸騰・蒸発させて、蒸気の力でタービンを回して発電を行います。そのシステムでは、ボイラー補機（IDF、FDF、BFPなど）と呼ばれるファン、ポンプが使用されており、省エネ目的からインバーターにより可変速化するケースが増えています（図7）。

重要設備であり、インバーター故障時には、商用運転に自動的に切り換えるバックアップ回路を設けることが多いです。

瞬低発生時には、装置を止めることなく運転継続することが必要とされ、

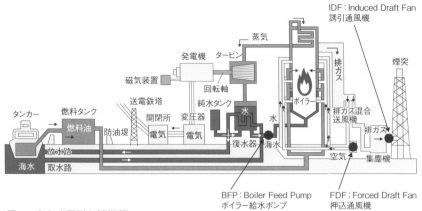

IDF：Induced Draft Fan
誘引通風機

蒸気

発電機　タービン

磁気装置

回転軸

送電鉄塔　純水タンク

開閉所　変圧器

タンカー　燃料タンク

燃料油　防油堤

放水路

海水　取水路

電気　電気

水　水

復水器　海水

ボイラー

排ガス

排ガス混合
送風機

煙突

排ガス

集塵機

空気

BFP：Boiler Feed Pump
ボイラー給水ポンプ

FDF：Forced Draft Fan
押込通風機

図7　火力発電所と補機類

インバーターにはパワーエレクトロニクス技術が活かされています。

　最近では、3kVや6kVクラスの高圧インバーターにより、エネルギー効率の高い運用が実現されています。

LNGプラント

　日本は資源が乏しいため、石油などのエネルギー資源の大部分を輸入に依存しています。近年では地球温暖化の観点から、CO_2排出量の少ない天然ガスが注目されており、約50％の火力発電所において、燃料として天然ガスが用いられています[3]。(資源エネルギー庁電力調査統計、発電所数、出力　出力換算、https://www.enecho.meti.go.jp/statistics/electric_power/ep002/results.html 2020年)

　天然ガスは常温では気体のため、日本へ向けての海上輸送には向いていません。そこで、－162℃以下まで冷却し、液体とします。これが液化天然ガス（LNG：Liquefied Natural Gas）です。体積が約1/600となるため、輸送や貯蔵時の効率化が図れます。日本は最大の天然ガス輸入国となっています[1]。

　天然ガスの産出国では、液化する必要があるため、LNGプラントで冷却します。冷却方式は、原理的には冷蔵庫と同じであり、LNGプラントは規

▶▶ インバーターの省エネ効果は約50%

　ファンやポンプなどの用途で、インバーターを使わない従来の運転では、モーターは周波数一定の商用電源で駆動されるので、固定速度で回転します。

　風量や流量の調整は、ダンパーの開度で行われます。ファンを例にすると、ファンの圧力ー風量特性と、風の流路の圧力損失特性の交点で運転が行われます。

　ファンの動力は、圧力Hと風量Qの積に比例するため、固定速度運転では、図Aの長方形の面積に相当する大きな動力が必要となります。

　一方、インバーターにより運転を行うと、モーターの回転数を変えることができます（可変速運転）。モーターの回転数を調整することで、

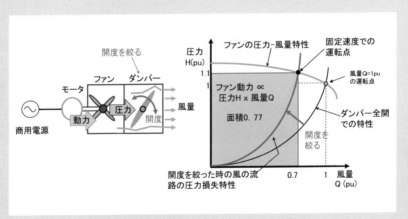

図A　商用電力で駆動した場合の動力

直接風量を調整することができます。風量が下がれば圧力も下がります。したがって動力が小さくでき、省エネが達成できます。

　この例では、固定速度での運転のファン動力は1.1×0.7=0.77。可変速運転では0.5×0.7=0.35。その差は、0.77－0.35≒0.42となります。可変速運転では、固定速度運転の45%程度の動力となり、大きな省エネ効果が得られます。

　一般に、ファンやポンプなどの動力は、回転数の3乗に比例すると言われています。80%の回転数で必要な風量が得られれば、0.8³=0.512となり、大略50%程度の動力で済むという目安が得らます。

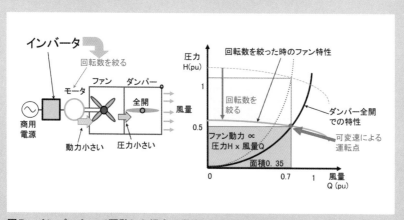

図B　インバーターで駆動した場合の動力

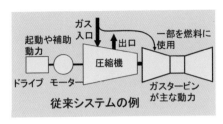
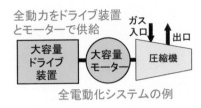

図8 従来のLNG圧縮システム　　**図9 全電動化によるLNG圧縮システム**

模が巨大な冷蔵装置です。LNGプラントでは、冷蔵庫と同じく、冷媒を
圧縮するためのコンプレッサー（圧縮機）という機械が使われています。

　従来は、圧縮機の駆動にガスタービンが使われてきました（**図8**）。近
年では、大容量モーターおよび大容量ドライブ装置による全電動化駆動へ
の置き換えが進められています（**図9**）。

　ガスタービンの効率が40%〜45%であるのに対し、全電動化すると約
95%の高効率[注]となり、省エネルギー化が可能となります。

　ガスタービンは、定期的に年間約15日程度のメンテナンス期間が必要と
されますが、全電動化駆動では、ほぼメンテナンスフリーです。

注）天然ガスで発電した電力を使う場合でも、最新の天然ガスコンバインドサイクルの発電効率は
60%を超えるものもある。その場合、システム総合効率は55%程度となる。機械力を得るためのガス
タービンの効率は、コンバインドサイクルの発電効率より低い。

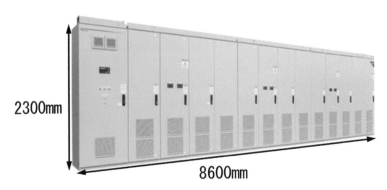

図10 天然ガスのパイプライン輸送用モータードライブ装置

　一方、北米や欧州などでは、天然ガスをパイプラインにより気体のまま輸送する方式がとられています。長いものでは、4000kmを超えるものもあります。パイプラインで輸送するためには、一定間隔で圧縮機を設置し、圧力が低下した気体を、再び増圧します。この圧縮機の駆動にも大容量モーターと大容量ドライブ装置が使われており、人々の暮らしに必要な資源の流通を支えています。図10にモータードライブ装置の外観を示します。

【参考文献】

1）グローバルノート、「世界の天然ガス輸入額 国別ランキング・推移」（2020年9月10日）、https://www.globalnote.jp/post-12076.html

2）IHI運搬機械株式会社のホームページ、http://www.iuk.co.jp/howto/t_crane.html、http://www.iuk.co.jp/crane/archive_nagasaki.html

3）資源エネルギー庁電力調査統計、https://www.enecho.meti.go.jp/statistics/electric_power/ep002/results.html

電気化学、アーク炉、誘導加熱

　素材産業では、高純度の電気銅を生成する銅精錬や、苛性ソーダの生産などに電気分解が広く使われています（4-2-1）。電気分解には直流の電源が必要ですが、交流で送られてくる電力をパワーエレクトロニクス装置である整流器で直流電力に変換しています。多くの工場では一度に大量の製品を製造するために大電流の整流器が用いられます。また、鉄スクラップを直流アークで溶解して製造する製鉄においても整流器が使われています。ここでも多くの鉄を一度に溶かすために大電流の整流器が使用されています（4-2-1）。交番磁界を金属板に当てたときに発生するうず電流で金属板の温度を上昇させることができます。この原理を応用した誘導加熱が製鉄所などで重要な働きをしています（4-2-2）。バーナーの炎での加熱や電熱器による加熱よりも熱効率が高く省エネルギーになります。コイルに高周波電流を流す電源はパワーエレクトロニクスによる高周波電源装置です。

電気化学、アーク炉

ポイント

　電気分解は素材産業で広く利用されています。99.99%の電気銅を生成する銅精錬や、工業的に重要な基礎化学品である苛性ソーダの生産は一例です。電気分解には直流の電源が必要です。交流で送られてくる電力をパワーエレクトロニクス装置である整流器で直流電力に変換しています。一度に大量の製品を製造するために大電流の整流器が用いられます。また、鉄スクラップを直流アークで溶解して製造する製鉄においても整流器が使われています。ここでも多くの鉄を一度に溶かすために大電流の整流器が使用されています。

　電気分解用の直流電源は350V、70kAというような大電力が必要です。かつては水銀整流器で直流電力を得ていましたが、1960年代以降はシリコンダイオードやサイリスターの登場により半導体整流器が使われるようになりました。半導体整流器は効率よく直流大電力を供給することができるため電気分解を利用する産業の発展に寄与しています。直流アーク炉は1980年代後半に開発され利用されるようになりましたが、その背景には大電流の半導体整流器技術が確立して信頼性も高かったことがあります。

　中学校の理科で実験をした電気分解が素材産業で製品を生産する方法として広く利用されています。図1に示す99.99%の電気銅を生成する銅精錬や、石鹸の製造やパルプの溶解など工業製品の製造及び各種産業の排水処理など幅広い産業分野で使われる苛性ソーダの生産はその一例です。電気

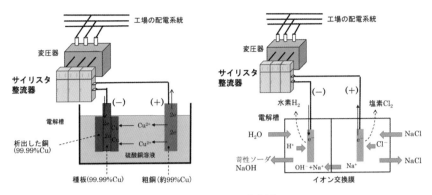

図1　銅の精錬（左）と苛性ソーダ・水素・塩素の生産（右）

分解には直流の電源が必要で、電解槽の陽極に電源の＋、陰極に電源の−を繋いで電流を流して行われます。電力は交流で送られてくるのでパワーエレクトロニクス装置である整流器で直流電力に変換しています。一度に沢山の製品を製造するために大電流の整流器が用いられます。

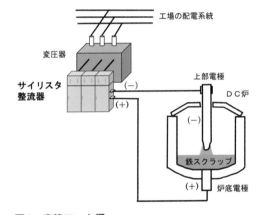

図2　直流アーク炉

　鉄スクラップを直流アークで溶解して製造する製鉄においても整流器が使われています（**図2**）。多くの鉄を一度に溶かすために大電流の整流器が使用されています。

電気化学用整流器

　電気化学用整流器の一例として、**図3**に外観と主な仕様、**図4**に回路構成と特徴を示しました。70kAという大電流を流すので外観写真に見えるように、出力導体の幅がとても広いことが判ります。工場試験で大電流を

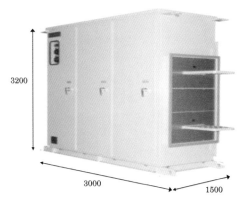

図3 電気化学用整流器の外観
定格容量24.5MW、定格直流電圧350V、定格直流電流70kA。使用パワーデバイスはサイリスター、定格電圧2800V、定格電流3650A。素子構成 1s（直列）－4P（並列）－6A（アーム）－2群。回路方式は二重星形結線・12相整流。

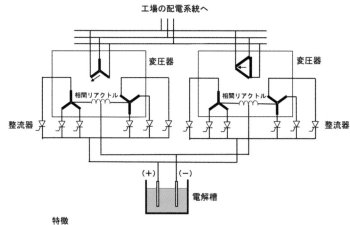

図4 電気化学用整流器の回路構成と特徴

通電している装置に近づくと高磁界の影響で腕時計が内部の部品が磁化して狂う現象があります。機械式の腕時計は分解修理が必要になる程です。

アーク炉用整流器

　アーク炉用整流器の一例として、**図5**に外観と主な仕様、**図6**に回路構成と特徴を示しました。

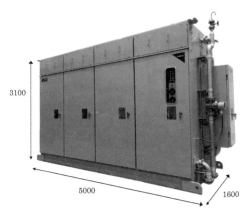

図5　アーク炉用整流器の外観
定格容量40MW、定格直流電圧800V、定格直流電流50kA、使用パワーデバイスはサイリスター、定格電圧2800V、定格電流3650A。素子構成　1s（直列）－8P（並列）－6A（アーム）－2群。回路方式　三相ブリッジ結線

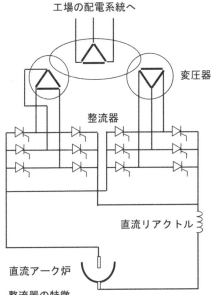

整流器の特徴
・高電圧に適した三相ブリッジ結線
・大容量のサイリスタ適用と多並列接続
・並列整流器の電流均等化技術
・大電流整流器の構造技術

図6　アーク炉用整流器の回路構成と特徴

低圧大電流に適した二重星形結線の整流回路の動作

図7にダイオード整流器の動作を示します。二つのY結線の整流回路が相間リアクトル（IPR, Inter Phase Reactor）で並列に接続されて6パルスの整流器を構成します。

整流器を理解する上で重要な「転流」について図8で説明します。

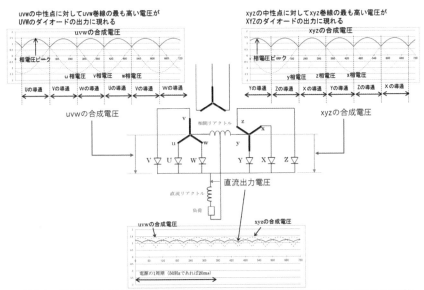

uvw側電圧とxyz側電圧を相間リアクトルを介して合成するので二つの電圧の中間の電圧が出力に現れる。電源の一周期で6個の山があり6パルスと呼ばれる。この波形は次に説明するサイリスターの場合における制御遅れ角αが0度の場合に相当する。

図7　二重星形結線ダイオード整流器の回路と動作

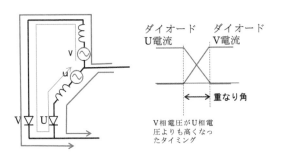

図8　転流動作

図8でV電圧がU電圧よりも高くなるとVダイオードが順電圧となるのでVダイオードに電流が流れます。VからUに電流（緑）が流れるのでUダイオードに流れていた電流（青）は減少してVダイオードに流れる電流（赤）が増加します。Uダイオードに流れる電流が0になるとUダイオードに流れていた電流がVダイオードに移り変わったことになります。この移り変わりの期間はv-uの電圧差と変圧器を含む交流側のリアクタンスで決まります。

　このように通電しているアームから次に通電するアームへ、両アームが同時に通電しながら断続することなく電流が移り変わることを「転流」と呼びます。電流が移り変わる期間を角度で表示したものを「重なり角」と呼びます。

　サイリスターはゲート端子に電流を流すことでターンオンしてアノード端子、カソード端子に主電流が流れる半導体のスイッチです（**図9**）。

　図10に二重星形結線のサイリスター整流器の回路構成を示します。ダイオードがサイリスターに変わるのみで構成は同じです。整流器において

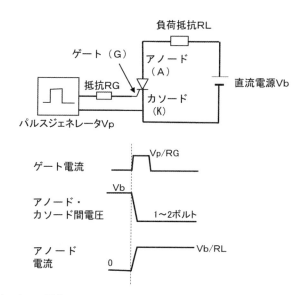

図9　サイリスターの動作

サイリスターのアノードカソード間に順方向の電圧が印加されてからゲート電流を流すまでの時間（制御遅れ角）を変えると整流器の出力直流電圧を調整できます。制御遅れ角を大きくすると出力直流電圧は下がります。

制御遅れ角40度とした時の各部の波形を**図11**に示します。出力電圧の

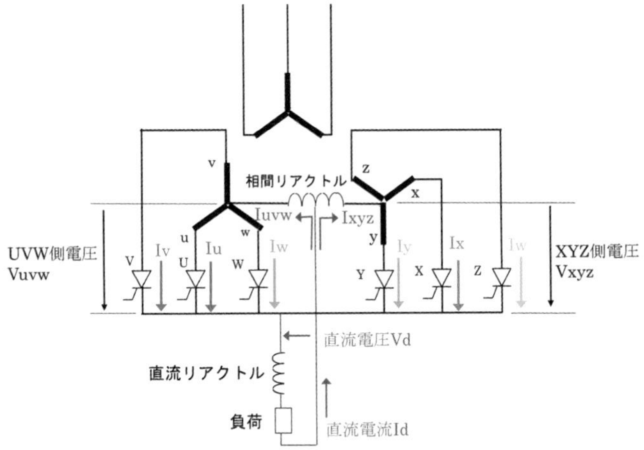

図10　二重星形結線サイリスター整流器の構成

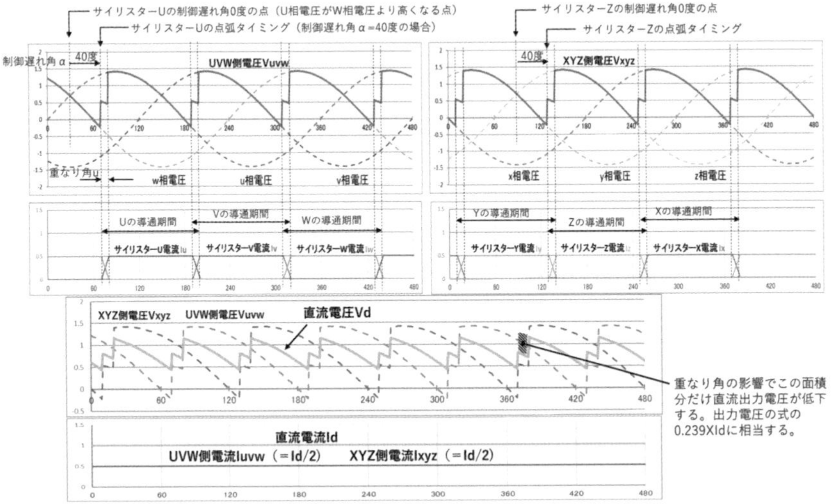

図11　制御遅れ角40度の時の各部の波形

▶▶ 他励と自励

　変換装置は他励転流を用いた変換装置と自励転流を用いた変換装置の2種類に分かれ、「他励」「自励」と呼称します。「JIS C60050-551：電気技術用語－第551部：パワーエレクトロニクス」では、他励転流は「転流電圧が変換装置又は電子スイッチの外部から与えられる転流」、自励転流は「転流電圧が変換装置又は電子スイッチの内部で与えられる転流」と定義されています。

　他励の例はサイリスターを使った整流器やインバーターであり、電源転流と負荷転流があります。ここで言う負荷には発電機、電動機やLC共振回路があります。自励の例はIGBTを使ったインバーターであり、ゲート駆動によるパワー半導体デバイスのターンオフ、コンデンサーによる強制転流回路があります。パワー半導体デバイスがターンオフしてパワー半導体デバイスの両端に電圧が発生するので、その電圧が転流電圧になります。

　他励の場合には転流の繰返し周波数は電源や負荷の発生する電圧の周波数に依存しますが、自励の場合ではPWMなどの制御の周波数に依存します。

平均値が図7のダイオードの整流回路（制御遅れ角が0度に相当）の時よりも下がっていることが判ります。

　二重星形結線の整流器の出力電圧は次の式になります。

$$Vdc = 1.17Vs \cdot \cos \alpha - 0.239XId$$

　　Vdc：直流電圧（V）

　　Vs：整流器用変圧器の二次相電圧実効値（V）

a：サイリスターの制御遅れ角（deg）

X：整流器用変圧器のリアクタンス（Ω）

Id：直流電流（A）

　二重星形結線の整流器は重なり角による電圧降下が少なくレギュレーション特性が良い特徴があります。（レギュレーション特性とは出力電流を増やすと出力電圧が低下する特性。特性が良いとは出力電圧の低下が少ないことを意味します）。電流が通過するデバイスが1個のため電圧降下が少なく損失も小さくなります。

　図12に示すように、二重星形結線では低電流領域で直流電圧が上昇す

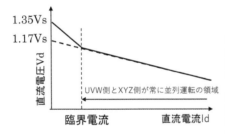

　直流電流を小さくしていくとUVW側、XYZ側の一方の電流が0になる区間が現れる。例えばUVW側電流が0になると直流電圧はXYZ側の電圧が出力される。このため低電流領域での直流電圧が高めになる。一方が電流0になる期間が生じない、並列運転を維持している限界の電流値を臨界電流という。

臨界電流より大きい直流電流時の直流電圧

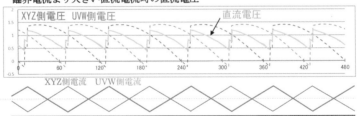

臨界電流より小さい直流電流時の直流電圧

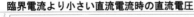

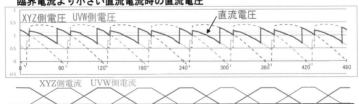

図12　二重星形結線の臨界電流

る現象があります。UVW側とXYZ側の間には三角波状の循環電流があります。UVW側とXYZ側の両方が常に並列に通電できる限界の直流電流を臨界電流と言います。臨界電流よりも直流電流が小さい状態では2つのY回路が並列運転を行う期間と、一方のみが電流を流している期間が発生するため出力電圧が先の出力電圧の式よりも高くなります。

高電圧に適した三相ブリッジ結線整流回路の動作

高電圧に適した三相ブリッジ結線の整流回路を**図13**に示します。

三相ブリッジ結線の整流器の出力電圧の式は以下となります。

$$Vdc = 1.35 \cdot (\sqrt{3}Vs) \cdot \cos \alpha - 0.955XId$$

   Vdc：直流電圧（V）

   Vs：整流器用変圧器の二次相電圧実効値（V）

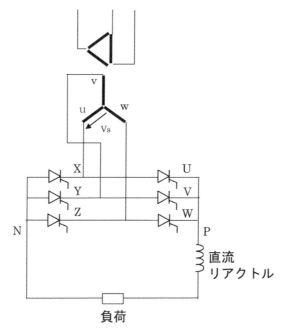

図13　三相ブリッジ結線サイリスター整流回路

a：サイリスターの制御遅れ角（deg）

X：整流器用変圧器のリアクタンス（Ω）

Id：直流電流（A）

次に、三相ブリッジの動作を**図14**で説明します。

変圧器2次巻線の相電圧が二重星形と同じ電圧で直流電圧は2倍まで得られます。変圧器2次巻線は1巻線となり相間リアクトルも不要です。

サイリスターに印加する電圧は二重星形結線も三相ブリッジ結線も変圧器2次の線間電圧であるので、同じ定格電圧のサイリスターを使用して2倍の直流電圧を得ることができます。

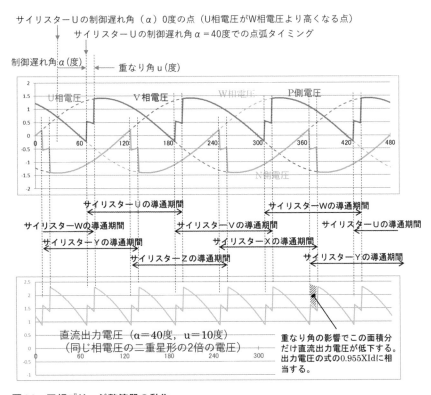

図14　三相ブリッジ整流器の動作

12相整流による低高調波

　二重星形結線や三相ブリッジ結線の単機の場合に交流側には（6n±1）次の高調波電流が流れます。（nは1以上の整数）

　異なる結線の変圧器によって位相が30度異なる2台の二重星形結線の整流器を並列に、または三相ブリッジ結線の整流器を並列または直列に接続して構成することで高調波を低減することができます。この構成を12相整流と呼びます（図15）。この場合に交流電流の高調波は（12n±1）次となります。

　三相ブリッジ結線の並列による12相整流回路例を図16に、二重星形結線の並列による12相整流回路例を図17に示します。二重星形結線や三相ブリッジ結線の整流器の直流電圧には入力交流電圧の1周期に6回の山と谷が現れます。12相整流器の直流電圧には入力交流電圧の1周期に12回の山と谷が現れ振幅も小さくなります。リプル電圧の周波数が2倍になり振幅も小さいので直流電圧もより平滑になります。

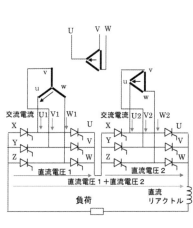

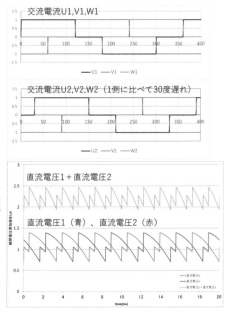

**図15　三相ブリッジ結線の直列による
12相整流回路例**

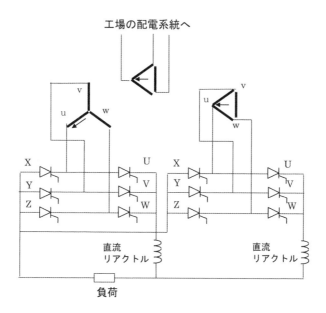

注）ダイオード整流器の並列では直流リアクトルを接続しない場合がある。

図16　三相ブリッジ結線の並列による12相整流回路例

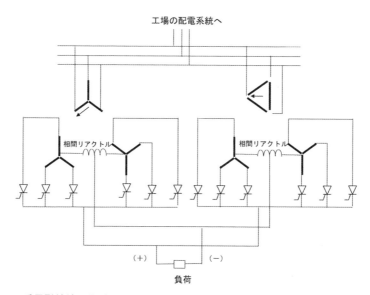

図17　二重星形結線の並列による12相整流回路例

▶▶ サイリスターの原理

サイリスターは1957年に米国GE社で初めて商品化されました。名称はSilicon Controlled Rectifier（SCR）、シリコン制御整流器で定格は400V-16Aと小さなものでした。サイリスターという名称は後に国際電気標準会議（IEC）にて決められました。

その当時、電流を制御できるデバイスはトランジスターか水銀整流器でした。サイリスターはトランジスターに比べて耐電圧が高く、水銀整流器に比べてターンオフ時間が短く順電圧降下も小さいので驚きと喜びをもって迎えられたと報告されています。日本の電機メーカーも技術導入をはかり、1961年には国産のサイリスターを実用化しています。

サイリスターは図A（a）のようにPNPNの4層構造と3つの端子をもちます。この4層構造は（b）のようにPNPトランジスターと

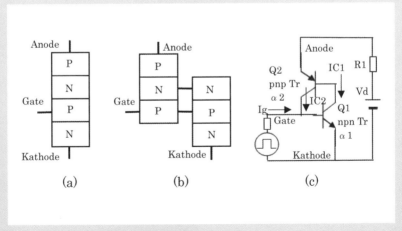

図A　サイリスターの構造と等価回路図

NPNトランジスターの組合せとみなすことができます。（c）の等価回路図を使ってターンオンの動作を説明します。

　①パルス電源からGateに電流Igを流します。この電流はトランジスターQ1のベース電流になります。

　②Q1のコレクターにはQ1の電流増幅率α1によってIC1＝α1×Igの電流が流れます。Q1のコレクター電流IC1はQ2のベース電流になります。

　③Q2のコレクター電流IC2はQ2のベース電流にQ2の電流増幅率α2を掛けたα2×IC1＝α2・α1・Igの電流になります。

　④Q2のコレクター電流IC2はQ1のベース電流に加わるので、Q1のベース電流が（1＋α2・α1）Igになります。Q1のベース電流が増加するとQ2のコレクター電流が増加してQ1のベース電流を更に増加させるので、これを繰り返してQ1、Q2の電流は増加を続けます。最終的には外部回路が流せる電流Vd/R1までQ2のエミッタ電流が増加します。この状態がサイリスターのターンオンした状態です。実際にはこの現象がμs単位の時間で行われます。

　⑤Q1のベース電流は外部のパルス電源からの電流Igが無くなっても、Q2のコレクターから供給されるのでオン状態を続けることが可能です。この状態をラッチアップと呼んでいます。この現象によってサイリスターはゲート電流を止めてもオンし続ける特性をもっています。

大容量ダイオード・サイリスターの多並列接続技術

図18は、定格電圧2800V定格電流3650Aの高電圧大電流サイリスターです。

圧接形（Press Pack）パッケージで気密性が高いので半導体が外気の影響を受けることがありません。両面冷却であるので放熱が良く大電流通電に適しています。ケースの破壊耐量が高く通常の使用では故障時のケース破壊がありません。

このサイリスターを並列に接続して大電流の整流器を構成します。最小限の並列数で構成するために各サイリスターの電流のばらつきを最小限にすることが重要です。そのために並列に接続された各サイリスターの電流経路のインダクタンスのばらつきや相互インダクタンスの影響を考慮した配置、接続を行います（図19）。

またサイリスターのターンオン時間はゲート電流に依存するのでターンオン時間のばらつきが小さくなる適切なゲート電流をサイリスターに与える必要があります。

同じ電流が流れるアームを近接に配置して発生する磁界を打ち消してインダクタンスの影響を低減する同相逆並列という結線方法があります（図20）。同相逆並列結線は位相が180度異なる2台の三相ブリッジ（図20の

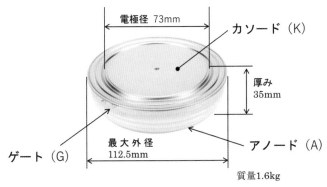

図18　高電圧大電流サイリスター例
（出典：Dynex Semiconductor社ホームページ、https://www.dynexsemi.com/Thyristor-Disc/
Phase-Control-Up-To-3000V）

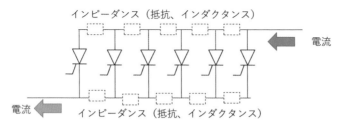

どのルートを通ってもインピーダンスが同じことが理想
それぞれの枝間の相互インダクタンスの影響にも配慮することも重要

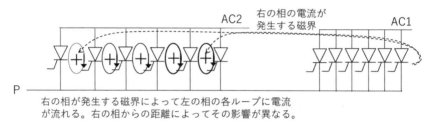

右の相が発生する磁界によって左の相の各ループに電流
が流れる。右の相からの距離によってその影響が異なる。

遠い　　　　　　　　　　近い
電流小　　　　　　　　　電流大
このループ電流のばらつきが各サイリスターの電流ばらつきにつながる

図19　接続・配置による電流のばらつきへの影響

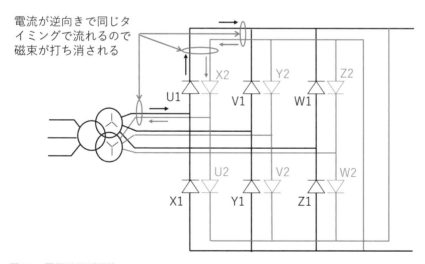

図20　同相逆並列回路

▶▶ サイリスターのオフ

　サイリスターはゲート電流をとめてもサイリスターはオフしません。サイリスターをオフさせるには、サイリスターのアノード電流を0にしてサイリスターに逆電圧（アノードに対してカソードを高くする）を、ターンオフ時間以上印加することが必要です。

　図B（a）は外部回路を付加した例です。強制転流回路と呼ばれGTOやIGBTの登場以前はインバーターやスイッチで使われていました。強制転流回路は補助サイリスター（aux）とコンデンサー（C）とリアクトル（L）で構成されます。リアクトルは配線のインダクタンスを利用する場合もあります。

　電源Vdから抵抗R1を通してサイリスターMainに電流が流れている状態とします。コンデンサーは予め＋の向きに充電されているものとします。補助サイリスター（Aux）にゲート電流を流してオンするとC→Main→Aux→L→CのルートでコンデンサーCが放電します。

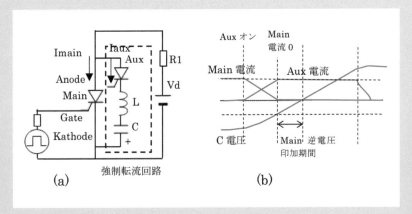

図B　強制転流回路によるターンオフ

図B（b）のようにその電流の増加によりサイリスターMainの電流は減少し補助サイリスターAuxの電流は増加します。

　サイリスターMainの電流が0になった点でコンデンサーCによってサイリスターMainに逆電圧が印加されます。電源Vdから抵抗R1を通って流れていた電流は補助サイリスターAuxを通って流れ、その電流でコンデンサーCの電圧はさらに放電し反対の極性に充電されていきます。

　サイリスターMainには電流が零になった時点からコンデンサーCの電圧が零になるまで逆電圧が印加しサイリスターMainはオフします。この時間がサイリスターのターンオフ時間以上になるように強制転流回路の回路定数は決定されます。コンデンサーC電圧はさらに上昇して電源Vdを超えると補助サイリスターの電流が零になり逆電圧が印加するので補助サイリスターもオフします。もし逆電圧の時間がターンオフ時間よりも短いとサイリスターMainの場合はコンデンサーCの極性が反転して順方向電圧が印加した途端にサイリスターMainが再オンしてしまいます。

　次に電源によるターンオフの場合を説明します。図C（a）に三相半波の整流回路を示します。サイリスターTHY-Uに電流が流れておりサイリスターTHY-Vをターンオンした時の波形を図C（b）に示しています。THY-Vをオンすると電源電圧Vが電源電圧Uよりも高くなっているので電源Vから電源Uに電流が流れます。この電流によってTHY-Uの電流は減少しTHY-Vの電流は増加します。

　THY-Uの電流が零になるとTHY-Uには（電圧U－電圧V）が逆電圧として印加します。その後、THY-WがオンしてTHY-Vの電流が零

になるとTHY-Uには（電圧U－電圧W）の電圧が印加し電圧U＞電圧Wになると順方向電圧になります。この逆電圧が印加してから順方向電圧に変わるまでの期間がサイリスターのターンオフ時間より長い必要があります。

　図C（b）の例では逆電圧が長い期間になっていますがインバーター運転で点弧角αが大きい時は逆電圧の印加する時間が短いので注意が必要です。ここでは電源の電圧で転流して電源の電圧が逆電圧として印加する場合を説明しました。モーターの誘起電圧など負荷の発生する電圧で転流して逆電圧が印加する場合も現象は同じです。

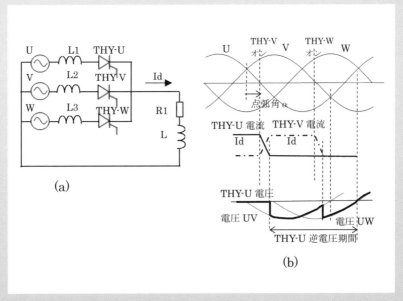

図C　三相半波回路でのサイリスターターンオフ

黒線の回路と青線の回路）を並列に接続します。例えばU1とX2のような
同じタイミングで電流が流れる2台の三相ブリッジのアームや導体を近接
して配置します。それぞれの電流が逆方向になる向きにします。同じタイ
ミングで逆方向に電流が流れるので電流が発生する磁束を打ち消しあいま
す。周囲に発生する磁束を打ち消すのでインダクタンスの影響を軽減し2
台の三相ブリッジの電流がバランスします。また周辺への磁束の発生も無
くなるので金属きょう体の過熱防止にも効果があります。

大電流整流器の構造技術

　整流器内を流れる電流が大電流ですので、サイリスター、ヒューズに加
えて導体も水冷却し、小形化しています。アーク炉用整流器の冷却系統の
例を図21に示します。

　大電流が発生する磁界により周辺の金属が過熱するため、同相逆並列の
採用、電流の行き帰りを近接に配置して磁束を打ち消すような手段を行っ
ています。必要に応じて非磁性体の金属を使用しています。

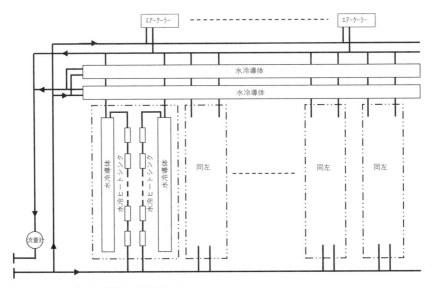

図21　アーク炉用整流器の冷却系統図

整流器の安全な停止方法

　大電流の整流器ではまずサイリスターの制御遅れ角を90度よりも大きくして直流電流を0Aとしてから停止します。サイリスターの制御遅れ角を90度よりも大きくすると直流出力電圧が負になります。この操作によって直流リアクトルや負荷のインダクタンスに蓄えられたエネルギーは交流電源に回生され電流は減少します。直流リアクトルや負荷のインダクタンスには大電流であるため莫大なエネルギーが蓄えられていますが、このエネルギーが処理されて安全に停止できます。このように制御遅れ角を90度よりも大きくしてエネルギーを回生する操作をゲートシフト（GS）と呼んでいます（**図22**）。

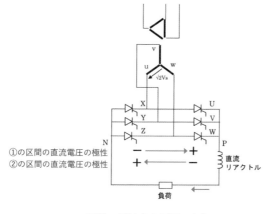

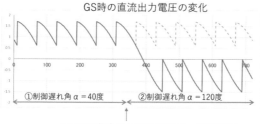

GS時の直流出力電圧の変化

①制御遅れ角 α＝40度　　②制御遅れ角 α＝120度

ここでGS指令により制御遅れ角αを120度に変化させた時の電圧の動きを記載している。αが120度になると直流電圧はマイナスとなる。エネルギーの向きは直流→交流になるので直流電流は減少し最後は零になる。

図22．整流器停止時の動作

並列接続サイリスター故障時のヒューズ保護

　大容量の整流器に使用する圧接形サイリスターの故障モードは短絡で
す。整流器のサイリスターが壊れると交流側のインピーダンスによって決
まる過大な短絡電流が故障サイリスターに流れます。

　このため各サイリスターに直列にヒューズを接続して、ヒューズが短絡
電流を限流して遮断します。ヒューズが切れることによって故障したサイ
リスターを回路から切り離し故障拡大を防止します（図23）。

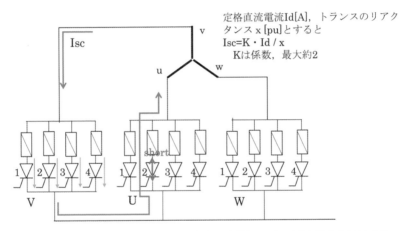

定格直流電流Id[A]，トランスのリアク
タンス x [pu]とすると
Isc=K・Id / x
　　Kは係数，最大約2

U2が故障して短絡状態を例にしている。VアームサイリスタがターンオンするとU2サイリスタとV
アームを通して交流電源のuv短絡となる。この短絡電流をU2に直列のヒューズで限流し遮断する。V
アームにも同じ短絡電流が流れるが4サイリスタで分流するのでVアームのサイリスタとヒューズは守
られる。

図23　サイリスター故障時のヒューズによる保護

誘導加熱

コイルに高周波交流電流を流してコイルが作る交番磁界を金属板に当てると金属板にうず電流が流れます。うず電流が流れることで金属板の抵抗により損失が発生して金属板の温度を上昇させることができます。この原理を応用した加熱を様々な産業において利用しています。金属板を直接に加熱させるので、バーナーの炎での加熱や電熱器による加熱よりも熱効率が高く省エネルギーになります。コイルに高周波電流を流す電源はパワーエレクトロニクスによる高周波電源装置です。家庭で使われる電磁調理器も同じ原理を応用しています。

コイルに高周波交流電流を流してコイルが作る交番磁界を金属板に当てると金属板にうず電流が流れます。うず電流が流れることで金属板の抵抗により損失が発生して金属板の温度を上昇させることができます（**図1**）。

誘導加熱の歴史は古く1916年に輸入された誘導溶解炉が最初と言われています。その後も主に溶解炉に用いられていましたが1950年頃から焼入れ、鍛造、薄板加熱等に広く利用されるようになっています。誘導加熱用の電源は高周波電動発電機、水銀整流

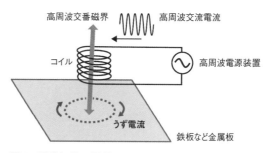

図1　誘導加熱の原理

器、真空管発振器などが使われていました。トランジスターやサイリスターなどのパワー半導体が登場して1970年以降に小形、高効率、扱いやすさやメンテナンス性の面で優れるサイリスターインバーターやトランジスターインバーターに置き換えられていきました。現在ではパワーエレクトロニクスがなくてはならない分野になっています。

　誘導加熱には下記のメリットがあり今後も活用が拡大すると考えられます。

◆ 被加熱材を直接加熱するので高い加熱効率が得られる。

◆ 加熱コイルの電流や周波数の調整で加熱を制御できるので応答も早く調整も容易。

◆ 加熱したい部分を局部的に加熱できるので効率的。

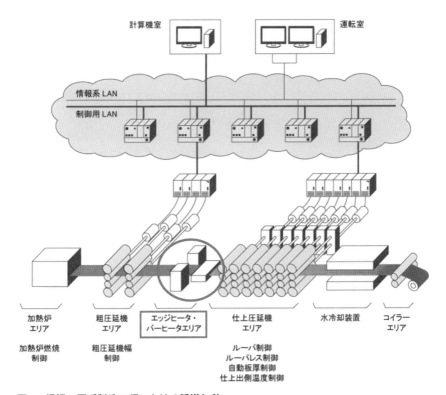

図2　鋼板の圧延製造工程における誘導加熱

（出典：TMEICホームページ https://www.tmeic.co.jp/product/steel/hot_rolled/）

◆燃焼によらないので温室効果ガスの発生がない。

　図2に鉄鋼の熱間圧延ラインのイメージ図を示します。多数の粗圧延機と仕上げ圧延機を通過して、厚さ20cmほどの鉄の塊がわずか数mmまで薄く引き伸ばされます。粗圧延機工程と仕上げ圧延機工程の間にエッジヒーター・バーヒーターエリアがあります。このエリアは粗圧延工程を通過して温度が下がった鋼材を再加熱する工程です。特に鋼板の端が冷えやすいのでエッジヒーターで局部加熱して温度の均一化を行います。このエッジヒーター・バーヒーターに誘導加熱が使われます。誘導加熱は制御性が

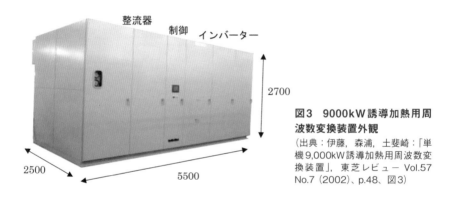

整流器　制御　インバーター

2700

2500　5500

図3　9000kW誘導加熱用周波数変換装置外観
（出典：伊藤，森浦，土斐崎：「単機9,000kW誘導加熱用周波数変換装置」，東芝レビュー Vol.57 No.7（2002）、p.48、図3）

表1　9000kW誘導加熱用周波数変換装置　定格諸元

項目	仕様
入力	交流1010V 50/60Hz 三相
出力容量	9000kW
出力電圧	3600V
出力周波数	1,500Hz
インバーター構成	単相ブリッジインバーター 使用素子　高速サイリスター 2500V-2610A 素子構成　5直列－3並列－4アーム
整流器構成	三相ブリッジ結線　12相整流 使用素子　サイリスター 4200V-4151A 素子構成　1直列－1並列－6アーム×2群
冷却	純水循環水冷

高く局部的な加熱も可能なので品質の高い鋼板の製造には欠かせないもので、高級自動車用鋼板、抗張力鋼、ステンレス鋼、電磁鋼板の安定した生産に寄与しています。

図3に大容量誘導加熱用電源装置を示します。また、**表1**に9000kW誘導加熱用周波数変換装置の定格諸元を示しました。**図4**には、この9000kW誘導加熱用周波数変換装置の回路構成を示しました。

サイリスター整流器で50/60Hz商用周波電力を直流電力に変換し、サイリスターインバーターで直流電力を1.5kHzの交流電力に変換します。

高速サイリスターの適用

サイリスター・ダイオードにはアノード電流が0になってから逆電圧を印加して順方向電圧を印加できるまでの時間「ターンオフ時間tq」があります。

ターンオフ時間tqとは、これより短い時間でサイリスターに順電圧（カソードに対してアノードが高い電圧）が印加するとオフ状態を維持できず、ゲート電流がないにも関わらずアノードからカソードに電流が流れます。

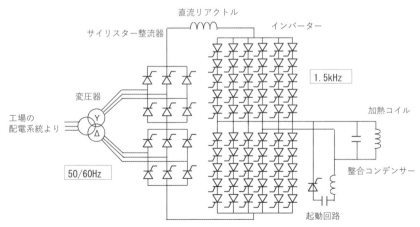

＊加熱コイルと結合コンデンサーの並列共振回路に電圧が存在しないとインバーターのサイリスターが転流できません。このため起動回路から並列共振回路に電流を流して電圧を発生します。

図4　9000kW誘導加熱用周波数変換装置　回路構成

表2　サイリスターのターンオン、ターンオフ特性

項目	整流器用サイリスター	インバーター用サイリスター
ターンオフ 時間tq	700μs (typ)	55μs (MAX)
（条件）	ITM=4000A,tp=2ms, di/dt= 10A/μs, Vr=50V,Vdr=80%VDRM, dVDR/dt=20V/μs	ITM=4000A,tp=1ms, di/dt= 60A/μs, Vr=50V,Vdr=33%VDRM, dVDR/dt=20V/μs
ターンオン 遅れ時間td	0.7μs	0.8μs
（条件）	IFG=2A, tr=0.5μs, VD=67%VDRM, ITM=2000A, di/dt=10A/μs, Tj=25℃	IFG=2A, tr=0.5μs, VD=67%VDRM, ITM=1500A, di/dt=60A/μs, Tj=25℃
逆回復時間trr	55μs (typ)	8μs (typ)
逆回復電流IRM	240A (typ)	280A (typ)
（条件）	ITM=4000A, tp=2ms, di/dt= 10A/μs, Vr=50V	ITM=4000A, tp=1ms, di/dt= 60A/μs, Vr=50V

　周波数が高いインバーターにはtqが小さな高速サイリスターを使う必要があります。周波数が高いので、電流が0になってから順電圧が印加するまでの時間が短いからです。図4の周波数変換装置のサイリスターのターンオフ時間を**表2**に示します。商用周波数の整流器用のサイリスターに比べてインバーター用のサイリスターのターンオフ時間tqが1/10以下と小さいことがわかります。

　図5には、サイリスターのターンオフ時の特性を、**図6**には、サイリスターのターンオン時の特性を示しました。

サイリスターの直列接続

　ターンオン時、ターンオフ時およびオフ中の直列に接続されたサイリスター毎の電圧のばらつきを小さくする必要があります。ばらつきが小さいほど直列数も少なくできます。

　電圧のばらつきを小さくするためには次に示す事項に配慮します。

①ターンオン時

　THY1のターンオンが遅れるとTHY2〜5のサイリスターのターンオン

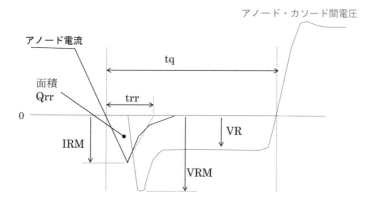

tq：ターンオフ時間，　trr：逆回復時間
IRM：逆回復電流，VRM：ピーク逆電圧，VR：逆電圧
Qrr：逆回復電荷

図5　サイリスターのターンオフ時の特性

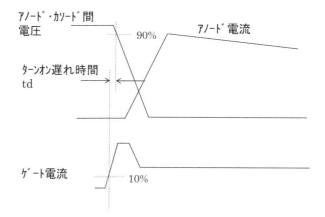

図6　サイリスターのターンオン時の特性

によりTHY1のスナバコンデンサーが充電され、電圧V1が上昇します。
電圧V1はTHY1がターンオンするまで上昇します（**図7**）。
　この電圧ばらつきを少なくするために次のような対応を行います。
・サイリスターのターンオン遅れ時間（td）が同等のものを組合せる。td
　の説明は図6、値の例は表2に記載しました。

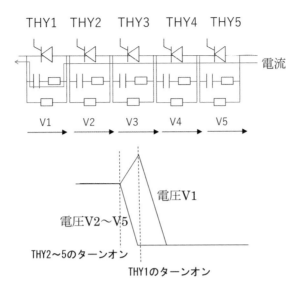

図7　ターンオン時の電圧のばらつき

・各直列サイリスターにターンオン遅れ時間（td）が小さくなる十分な値
　のゲート電流を同じタイミングで与える。
・スナバコンデンサーの静電容量が大きいほど電圧の上昇は小さくなるの
　で適切な値のスナバコンデンサーを選定する。（スナバコンデンサーの
　静電容量が大きくなると損失も大きくなるので適切な値とする）

②ターンオフ時

　THY1の逆回復電荷が小さく逆回復電流が小さい場合にTHY1が先に逆
電圧が印加します。THY2～4は遅れて逆回復電流に達して電圧が印加さ
れるので先にターンオフしたTHY1に高い電圧が印加します（**図8**）。
　この電圧ばらつきを少なくするために次のような対応を行います。
・サイリスターの逆回復電流（IRM）が同等のものを組合せる。逆回復電
　流の説明は図5、値の例は表2に記載しました。
・スナバコンデンサーの静電容量が大きいほど電圧の上昇は小さいので適
　切な値のスナバコンデンサーを選定する。（スナバコンデンサーの静電

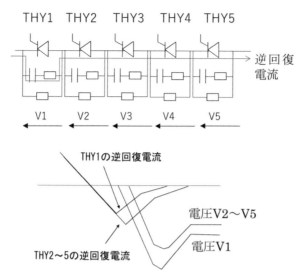

THY1　THY2　THY3　THY4　THY5

逆回復
電流

V1　　V2　　V3　　V4　　V5

THY1の逆回復電流

電圧V2～V5

電圧V1

THY2～5の逆回復電流

図8　ターンオフ時の電圧のばらつき

　容量が大きくなると損失も大きくなるので適切な値とする）。

③オフ中

　順方向及び逆方向漏れ電流のばらつきがあるとオフ中の抵抗値が異なるのと同じなのでオフ中の電圧にばらつきが生じます。漏れ電流の大きなサイリスターの電圧は低く、漏れ電流の小さなサイリスターの電圧は大きくなります。

　この電圧ばらつきを少なくするために次のような対応を行います。

・サイリスターの漏れ電流のばらつきの少ない組合せにする。

・サイリスターに並列に漏れ電流のばらつきに応じた適切な抵抗を接続する。

④その他にサイリスターの接合容量のばらつき、変換装置ハードウェアのもつ浮遊容量が電圧のばらつきに影響する場合があるので注意が必要です。

構造技術

並列のパワー半導体やインバーター間の電流の均等化のためにインダクタンスの適正化が必要になります。インバーターはインダクタンス解析に基づきインダクタンスが均等になる導体構造とします。

電流の行き帰りの導体を近接させた平行平板導体として、周辺の金属物への磁束の影響を軽減しています。

磁束の影響が残る部分にはステンレスなどの非磁性体を用いて過熱を防止しています。

出力容量・出力周波数によるパワーデバイスと変換回路

図9は公表されているメーカー資料を基に誘導加熱電源の電源容量と周波数をパワー半導体毎にプロットしたものです。適用するパワー半導体はおおよそ周波数によって次のように分類されます。

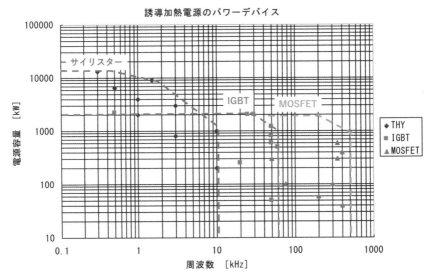

図9　誘導加熱電源のパワー半導体と電源装置容量の分布
（出典：電気工学ハンドブック第7版、p.1017、図20・9・23、電気学会）

・数百Hzから約10kHzは高速サイリスター

・数kHzから約60kHzはIGBT

・数十kHzから約500kHzはMOSFET

　パワー半導体がサイリスターの場合は電流形のインバーターが使われ、負荷のコイルと整合コンデンサーを並列に接続して並列共振回路を構成します（**図10**）。

　パワー半導体がIGBT・MOSFETの場合は電圧形のインバーターが使用され負荷コイルと整合コンデンサーを直列に接続して直列共振回路を構成します（**図11**）。

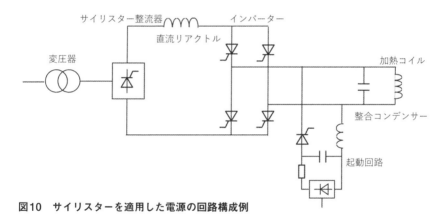

図10　サイリスターを適用した電源の回路構成例

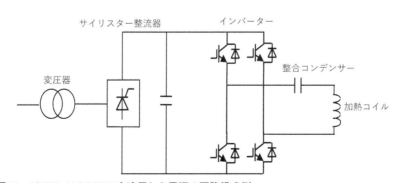

図11　IGBT・MOSFETを適用した電源の回路構成例

▶▶ 誘導加熱の浸透深さ

　図Aで示すように、金属板にコイルを巻いてコイルに高周波電流を流すと、金属板に流れる電流は表皮効果により表面に集中して流れます。電流密度が表面の36.8%まで減少する深さを浸透深さδと呼びます。誘導電流の表面への集中度合いを示す値で、数値が小さいほど表面に集中していることを表しています。

　浸透深さは次の式で表せます。

浸透深さ $\delta = 503 \sqrt{(\rho / \mu s f)}$ (m)

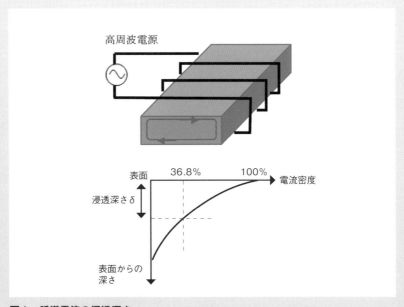

図A　誘導電流の浸透深さ

　　ここで ρ：金属の抵抗率（Ωm）

　　　　 μs：金属の比透磁率

　　　　 f：周波数（Hz）

　銅の場合には抵抗率は25℃で約1.72Ωm、比透磁率は1ですので、
式から各周波数での浸透深さを計算すると図Bのグラフになります。

　25℃の場合に1kHzでは約2mmですが10kHzで約0.7mm、100kHz
では約0.2mmになります。周波数が高いほど表面に集中して流れるこ
とが判ります。高い周波数では表面付近を集中して加熱できることを
示しています。300℃では抵抗率が高くなるため浸透深さは25℃に比
べて大きくなり1kHzで約3mm、10kHzで約1mm、100kHzで約0.3mm
となります。誘導加熱により温度が上昇すると表面からより深い範囲
を加熱することになりますが、周波数を上げることで25℃の時と同じ
浸透深さにすることができます。パワーエレクトロニクスによる電気加
熱であれば、周波数を高速に調整できるので温度に応じて周波数を調
整していくこともできます。

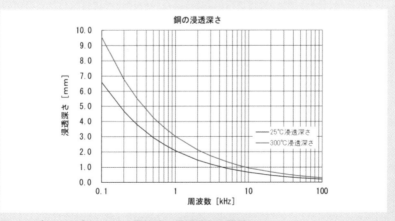

図B　25℃と300℃における周波数と浸透深さの関係

上下水道、浄水場

　我々の生活に欠かせないライフラインのひとつが水道です。河川から水を取り込んで、各家庭に送り届けられるまで、さまざまなポンプが用いられています。また、下水関連の設備としては、雨水をポンプにより汲み上げて河川に排出したり、汚水を水再生センターなどに送り込んだりするためのポンプがあります。これらのポンプは電動機により駆動され、それらの大型ポンプを精密に可変速駆動しているのがモータードライブです（4-3-1）。ここにもパワーエレクトロニクス技術が使われています。

　一方、水の浄化設備に使われる電源装置にもパワエレ技術は不可欠です。高度浄水処理では、オゾンの持つ強力な酸化作用を利用した脱臭、脱色処理が行われています。オゾンは、多数の放電管を装着したオゾン発生装置に高周波高電圧をかけることで放電を発生させ、原料となる乾燥空気または酸素を流して作ります。パワーエレクトロニクスは、放電管に高周波高電圧をかけるために使われます。

4-3-1　上下水道（ポンプ）

ポイント

我々の生活に欠かせないライフラインの1つが上下水道です。河川の水を取り込んでから各家庭に送り届けられるまで、「取水ポンプ」、「導水ポンプ」、「送水ポンプ」、「配水ポンプ」などさまざまなポンプが用いられています。これらのポンプは電動機（モーター）により駆動されており、ポンプを効率良く駆動するため、最近では大容量のインバーターをはじめとしたパワーエレクトロニクス装置が利用されています。一方で、これらのシステムは災害時などでも停止することができない重要な社会インフラであるため、さまざまな冗長構成がとられています。

　私たちの生活に欠かせないライフラインである上下水道です。河川の水を取り込んでから、各家庭に送り届けられるまでは上水道と呼ばれますが、そこではさまざまなポンプが用いられています。河川から水を取り込むのが「取水ポンプ」、浄水場まで送り運ぶのが「導水ポンプ」、浄水場にて浄化された水を、各市町村の配水ポンプ場まで送るのが「送水ポンプ」、配水ポンプ場から各家庭に送り届けるのが「配水ポンプ」です。また、上水道施設で、どの場所にどのようなポンプが使われているかを示した模式図が**図1**です。

　また、下水関連の設備としては、自然勾配により集められた雨水を、ポンプにより汲み上げて河川などに排出する「雨水ポンプ」、主に汚水を水再生センターなどに送り込むための「汚水ポンプ」があります（**図2**）。

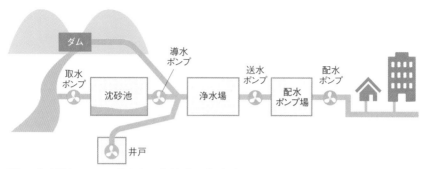

図1 上水道システムで使われる各種ポンプの概念図

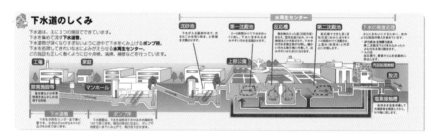

図2 下水道システムの詳細図[1]

　これらの上下水道システムにおいては、省エネルギー化のため、3 kV
や6 kVクラスの高圧インバーターを使って、ポンプの可変速運転および回
転数制御が行われ、エネルギー効率の高い運用が実現されています（**図3**）。
　いずれも重要な設備なので、以下のような点に留意して運転されていま
す。
　1）ポンプは複数台で冗長化されている、例えばポンプ4台設置で常時2
台運転などのケースが多い。
　2）特に、下水では何台かは商用周波数による固定速運転、残り1台は、
インバーターによる可変速運転を行うこともある。
　3）インバーター故障時には、商用運転に自動的に切り換えるバックアッ
プ回路が設けられている（**図4**）。
　4）瞬低発生時には、装置を止めることなく運転継続することが必要と

図3 送配水ポンプ用イン
バーター装置 [2]

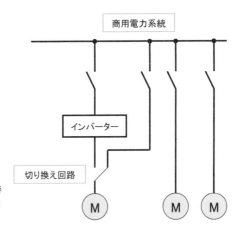

図4 インバーター故障時
に商用運転に自動的に切り
換えるバックアップ回路

され、瞬低から復電した際には、自動的にインバーターによりポンプを再
起動する。

　5）停電時でもポンプを駆動できるように自家発電設備を備えておく。

【参考文献】

1）東京都下水道局ホームページより
　　https://www.gesui.metro.tokyo.lg.jp/business/kanko/kankou/2016tokyo/02/

2）東京都水道局練馬給水所のホームページより
　　https://www.kankyo.metro.tokyo.lg.jp/climate/large_scale/toplevel/cat8317.files/
　　H28_nerima.pdf

▶▶ 高圧インバーター （単相直列多重形インバーター）

　単相直列多重形インバーターは、単相インバーター（一般的には低電圧）を多数直列に接続して高電圧出力を可能にしたインバーターです。個々の単相インバーターをセルインバーターと呼ぶケースもあります。

　図Aに主回路構成図を示します。外部交流電源から、多巻線入力変圧器を介して単相構成のセルインバーターに交流が供給されます。これらセルインバーターは直列接続され、さらにこれらを三相Y結線することにより、電動機の必要とする三相交流電力（周波数、電圧）に変換します。セルインバーターは、交流を直流に変換するダイオード整流器と、この直流を交流に逆変換する2レベルインバーターより構成されています。また、ダイオード整流器の代わりにPWMコンバーターを適用すれば、電源回生が可能となります。

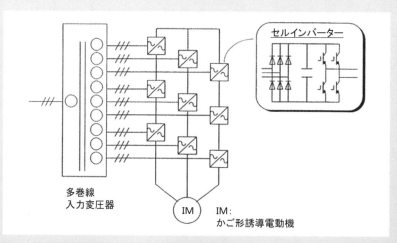

図A　単相直列多重形インバーター主回路構成図

　セルインバーターの1つあたりの交流出力電圧が635Vとすると、図Bに示すように3段直列接続した場合の相電圧は、約1900Vとなり、さらにこれらを3組でそれぞれ120°位相をずらすことにより、線間電圧3300Vの高圧電源が得られることになります。また、直列接続後の出力電圧波形は、個々のセルインバーターのスイッチング周波数は低くても、図Cに示すように非常に歪みの小さな正弦波となります。つまり、スイッチングロスの少ない低歪みの正弦波電源が得られます。

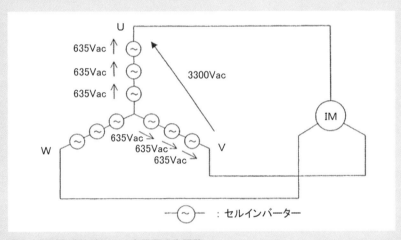

図B　直列多重接続による高電圧発生回路

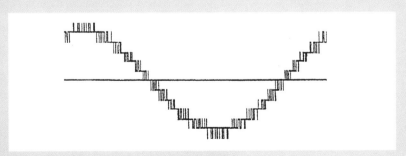

図C　直列多重接続による出力電圧波形例（線間）

上下水道（オゾン発生装置）

ポイント

パワーエレクトロニクスはきれいな水を作る浄水場でも活躍しています。浄水場では、きれいな水を作るためにオゾン（O_3）が使われています。オゾンは高電圧を印加し無声放電を発生させた放電管内に、空気または酸素を含むガスを通して得られます。高電圧を発生させる電源にパワーエレクトロニクス技術が使われています。オゾン管には、高周波（500〜2000Hz）、高電圧（約5〜8kV）の電力が必要です。オゾン管が持つキャパシタンス成分（C）と、電源装置内に設置したリアクトル（L）が共振するように、インバーターの周波数を制御します。オゾンを発生させるために必要な高電圧・高周波の電力はパワーエレクトロニクス技術無しでは得られません。

　日本に住む私たちは、水道の蛇口をひねれば当たり前のようにきれいな飲み水を得られる環境にいます。世界的に見ればそのような国はごくわずかです。21世紀は水の世紀ともいわれ、飲料水をはじめ健全な水資源の確保は世界的に重要な課題であると言われています[1]。

　水道水は、ダムや川から取水し、凝集、沈殿、ろ過、消毒などの過程を経て作られます。近年では、さらにオゾン（O_3）の強力な酸化作用や活性炭を利用して、かび臭などの除去や脱色をする高度浄水処理が導入され、東京・大阪などの大都市圏の水道水もとてもおいしくなっています（**図1**）。パワーエレクトロニクス技術は、オゾンを発生させる装置に使われています。

オゾン処理	生物活性炭吸着処理
カビ臭原因物質やトリハロメタンの元となる物質などを、オゾンの強力な酸化力で分解します。	活性炭の吸着作用と活性炭に繁殖した微生物の分解作用を併用して汚濁物質を処理します。

原水 → 凝集沈殿 → オゾン処理 → 生物活性炭吸着処理 → 砂ろ過 → 浄水

（この部分の処理が従来の浄水処理に加わります。）

高度浄水処理

図1　高度浄水処理 [2]

図2　オゾン発生装置（オゾナイザー）の外観写真
（東芝インフラシステムズ株式会社提供）

　オゾン発生装置（オゾナイザー）には多数の放電管が装着され、そこに高周波高電圧をかけることで放電を発生させ、原料となる乾燥空気または酸素を流してオゾンを発生させます。高周波高電圧の電力はパワーエレクトロニクス技術を応用した電源装置で作られます。

　図2にオゾン発生装置（オゾナイザー）の外観写真を示します。また、**図3**にはオゾナイザー用高周波高電圧電源装置の回路構成を示します[3]。

電源の50/60Hzの交流を整流器で直流に変換し、それをインバーターで高周波（500Hz~2000Hz）に変換、その電圧を変圧器で高電圧（約5kV~8kV）に昇圧し放電管に印加します。

　放電管は、電気の等価回路ではコンデンサーと抵抗で表せます。オゾナイザー電源内にリアクトルを直列に設けて、そのリアクトルと放電管のコンデンサー成分を共振させて効率よく電力を供給します。

　オゾナイザーは、浄水場だけでなく、工業排水の脱臭・脱色などにも使われ公害防止にも役立っています。

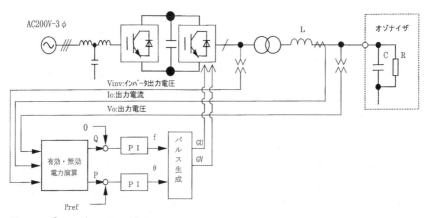

図3　オゾナイザー用電源構成図

【参考文献】

1）環境省：「湖沼等の富栄養化対策マニュアル」、平成14年9月
　　https://www.env.go.jp/earth/coop/coop/document/mle2_j/mle_j.pdf

2）東京都水道局2017年環境報告書

3）中田、川上、牧瀬、「オゾン発生用新型電源装置」、電気学会全国大会、No.4-75, 2000-3

フリッカー抑制、MPC

アーク炉や溶接機など電流が急激に変化する負荷があると、電源系統に電圧変動が発生して照明がちらつく現象が発生します。これを電圧フリッカーといいます。この電圧フリッカーを抑制して照明のちらつきを改善する装置がフリッカー抑制装置です（4-4-1）。フリッカーの抑制には8〜10Hzの無効電力の変動に合わせてコンデンサーを入り切りして無効電力を補償する必要がありますが、通常の機械式の遮断器ではこのように高速に入り切りを繰り返すことは不可能でした。しかしパワーエレクトロニクス技術の導入により、インバーターが無効電力を発生して負荷の無効電力の変動を打ち消すことでフリッカー抑制ができるようになりました。

一方、半導体工場などの重要設備の電源を、送配電系統の停電などの電源障害から守るためのパワーエレクトロニクス装置がMPC装置です（4-4-2）。停電発生時は事故が発生している系統を高速スイッチで切り離し、エネルギー蓄積装置から重要設備に交流電源を供給します。これらの、高速スイッチの高速動作、直流・交流変換などのエネルギー変換にパワーエレクトロニクス技術が重要な働きをしています。

フリッカー抑制、SVCS

ポイント

アーク炉や溶接機など電流が急激に変化する負荷があると、その負荷が繋がる電源系統において電圧変動が発生して照明がちらつく現象があります。この照明がちらつくような電圧変動現象を電圧フリッカーといいます。人間の目は8〜10Hzの電圧動揺があると照明のちらつきを最も強く感じる性質があります。この電圧フリッカーを抑制して照明のちらつきを改善する装置がフリッカー抑制装置です。フリッカーの抑制のためには8〜10Hzの変動に合わせてコンデンサーを入り切りする必要があります。通常の機械式の遮断器ではこのように高速に入り切りを繰り返すことは不可能です。しかしパワーエレクトロニクスでは半導体スイッチを高速に入り切りするインバーターでフリッカー抑制ができるようになりました。

電圧フリッカーは負荷の変動、特に無効電力の変動によって発生しています。無効電力の補償としてコンデンサーが使われることが一般的です。フリッカーの抑制のためには人間の目に強く感じる8〜10Hzの変動に合わせてコンデンサーを入り切りする必要があります。通常の機械式の遮断器では8〜10Hzという周波数で高速に入り切りを繰り返すことは到底不可能です。パワーエレクトロニクスによれば半導体スイッチを高速で入り切りすることができるので負荷の変動に合わせてコンデンサーを入り切りをして調整することも可能です。しかしパワーエレクトロニクスによるインバーターは無効電力を発生することができるので、コンデンサーを入り

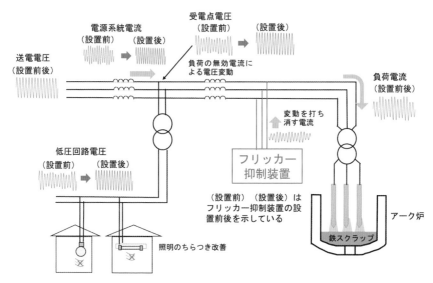

図1　フリッカー抑制装置

切りする代りに、無効電力の変動を打ち消す無効電力をインバーターから
供給することで照明のちらつきを防止できます（**図1**）。

どうやって電圧フリッカーを抑制するか

　無効電力には遅れ（誘導性）と進み（容量性）があります。遅れと進み
は＋と－と同じように相反する極性で、同じ値のものを足し合わせると0
になります。

　フリッカー抑制装置はIEGT（Injection Enhanced Gate Transistor：電
子注入促進形絶縁ゲートトランジスター）変換器により構成します。
IEGT変換器はパワー半導体によるインバーターであるので高速に遅れ無
効電力、進み無効電力を供給可能です（**図2**）。アーク炉の負荷電流の電
圧フリッカーに影響する無効電力の変動、三相不平衡や歪み波を打ち消す
電流をフリッカー抑制装置が供給して電圧変動を抑制します（**図3**）。

　電圧フリッカーには人間の目のちらつきの感じ方を考慮したΔV10という
値があり0.45以下に規制されています。**図4**はフリッカー抑制装置の効果を

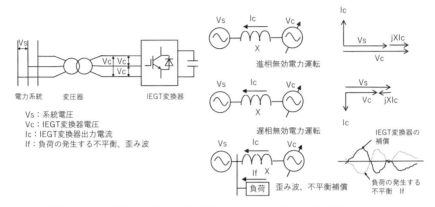

Vs：系統電圧
Vc：IEGT変換器電圧
Ic：IEGT変換器出力電流
If：負荷の発生する不平衡、歪み波

進相無効電力運転

遅相無効電力運転

歪み波、不平衡補償

IEGT変換器の補償

負荷の発生する不平衡 If

・系統電圧Vsに対してIEGT変換器出力電圧Vcの大きさを変化させ、電力用コンデンサや分路リアクトル
を用いず、任意の大きさの進相、遅相の無効電力を発生します。
・負荷の発生する歪み波、不平衡成分に対して逆位相の歪み波、不平衡電流を出力して補償します。

図2　無効電力発生の原理
（出典：カタログ「東芝自励式無効電力補償装置・自励式SVCS」2003年3月）

示しています。a) は負荷の無効電力の変動に対してフリッカ抑制装置が抑える電流を供給することで受電点の無効電力の変動を抑えています。b) は発生フリッカのΔV10とフリッカ抑制装置による改善後のΔV10です。

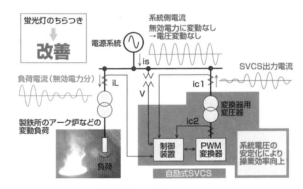

図3　フリッカー抑制装置の構成
（出典：リーフレット平成14年度優秀省エネルギー機器資源エネルギー庁長官賞受賞「無効電力補償装置・自励式SVCS」）

半分以下に改善されていることが判ります。

　フリッカー抑制装置により電圧変動を抑制すると、電圧が安定しアーク炉の操業効率も向上するという効果もあります。

　表1に21MVAフリッカー抑制装置の仕様と定格を示します。また**図5**に、主回路構成と外観を示します。

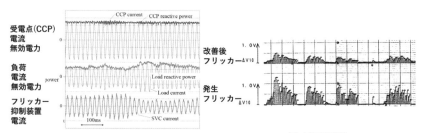

(a) フリッカー抑制装置運転中の負荷電流と受電点電流　　　　(b) ΔV10改善例

図4　フリッカー抑制装置の効果

表1　21MVA フリッカー抑制装置の仕様と定格

定格容量	21MVA
構成	単相ブリッジ×三相×4段多重
直流電圧	2500V
単相ブリッジ出力電圧	1350Vrms
単相ブリッジ出力電流	1296Arms
パワー半導体	IEGT 4.5kV-2100A
出力周波数	50Hzまたは60Hz
スイッチングキャリア周波数	390Hz
冷却	純水循環水冷

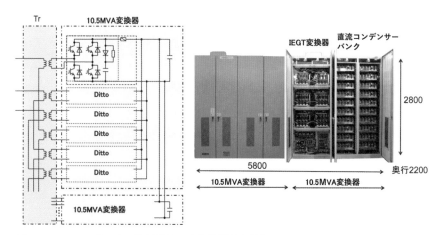

図5　21MVAフリッカー抑制装置の主回路構成と外観

この装置は、高速スイッチングが可能なIEGTを使用し高速な応答を実現しています。IEGTは4.5kVという高耐圧でありながら電子注入促進効果により低いコレクターエミッター間飽和電圧を実現しているMOSゲートパワー半導体です。最近のほぼ全てのIGBTには同様の効果が得られる構造が取り入れられています（図6）。

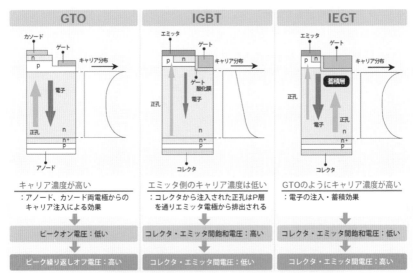

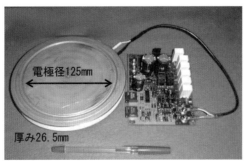

図6　GTO、IGBT、IEGTの比較と実際のIEGTデバイス
（出典：東芝リーフレット「東芝半導体新製品ガイド・IEGT（4500V）」、2001年3月、写真はTMEIC提供）

出力高調波の低減と低損失の実現

　直列多重は基本波が同一でスイッチングのタイミングのずれた電圧を変圧器により加算することで高調波の少ない電圧波形を得られます。

　スイッチングのタイミングのずれた電圧は、一つの出力電圧指令を4つの位相のずれた三角波キャリアと比較して生成することができます。**図7**は生成された電圧と直列して合成した電圧波形を示しています。

　直列多重構成で高調波低減を実現しているので、IEGTのスイッチング周波数は比較的低く抑えられスイッチング損失、スナバ損失が小さくできます。

　さらにMOSゲートパワー半導体であるIEGTの採用で低損失スナバ回路の適用が可能です。**表2**にスナバ回路の種類と特徴をまとめました。

　低損失のパワー半導体IEGTの採用、低損失スナバ回路の採用、直列多重回路の採用と適切なスイッチング周波数の採用により、パワー半導体デバイスにGTOを採用していた従来形に比べて装置の損失が50%以下となりました（**図8**）。

　IEGT4個と冷却フィンを一つの構造体（IEGTスタックと呼んでいる）に組立て、スナバ回路、ゲートドライバー回路と共に一つのユニットとし

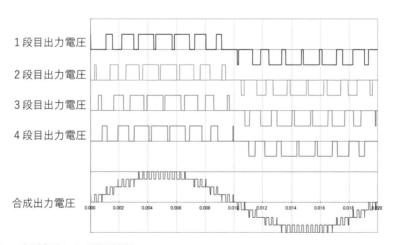

図7　直列多重による電圧波形

表2　スナバ回路の種類と特徴

方式	構成	特徴
RCスナバ		ダイオード、サイリスターのスナバ回路。スナバコンデンサーが完全に充放電するので損失は大きい。抵抗は回路の共振防止のためでサージ抑制効果は低くなる。ダイオード・サイリスターは逆回復電流が小さく、スイッチング周波数も低いので適用可能。
RCDスナバ 充放電スナバ		GTOサイリスター用のスナバ回路。GTOサイリスターの動作原理からこのスナバ回路が必要。 GTOがオンする毎にコンデンサーが放電するので損失は大きい。出力が無負荷状態でスナバコンデンサーに大きな充電電流が流れるので電流を制限するために直列にインダクターが必要 GTOオフ時に電流はダイオードを通してコンデンサーを充電するのでサージ抑制効果は大きい。コンデンサーの静電容量を大きくすればサージ電圧は下がるが静電容量を大きくするとスナバ損失が増加するので効率が低下する。
クランプスナバ （個別）		IGBTやGCTサイリスターのスナバ回路。IGBTがオンしてもコンデンサーは直流電圧以下に放電しないので損失は小さい。 ターンオフ時のサージ電圧に対してはスナバコンデンサーをパワーデバイス直近におけるのでサージ抑制効果は大きく静電容量の制約も少ない。
クランプスナバ （一括）		IGBTやGCTサイリスターのスナバ回路。機能はクランプスナバコンデンサー（個別）と同じ。（個別）よりも部品点数は減る。このスナバ回路からパワーデバイス側のインダクタンスが（個別）よりも大きくなるのでサージ電圧は大きくなる方向。実装の工夫が必要。
スナバレス		IGBTのスナバ回路。部品数はもっとも少ない。このスナバ回路からパワーデバイス側のインダクタンスへの配慮はクランプスナバ（一括）と同じ。

ています。IEGTモジュールと呼ぶ小型のモジュールを構成し、装置の小型化に寄与しています（**図9**）。

さらにIEGT変換器とSVCS用変圧器は、建屋の1、2階レイアウト、同一フロアレイアウトなど設置の自由度が高くなっています（**図10**）。

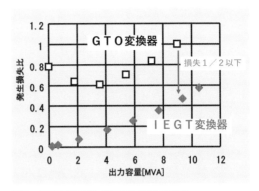

図8　IEGT装置とGTO装置の損失比

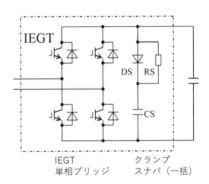

図9　小形・省スペースのIEGTモジュール
（出典：カタログ「東芝自励式無効電力補償装置・自励式SVCS」2003年3月）

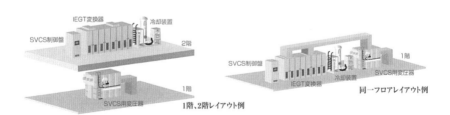

図10　IEGT変換器とSVCS用変圧器の設置例
（出典：カタログ「東芝自励式無効電力補償装置・自励式SVCS」2003年3月）

電圧フリッカーの指標デルタV10

　電圧変動はその変動を受ける機器によって影響が異なり、変動の周波数によっても影響の内容が異なります。フリッカーの指標に用いているデルタV10は白熱電球のちらつきを基準として定められたものです。人間がちらつきを最も感じる周波数が10Hzであるので、様々な周波数の電圧変動を10Hzに換算して評価をしています。具体的には次に記載のとおりです。

①1分間の電圧変動を周波数分析する。
②周波数fnに対する電圧変動の平均値ΔVnを求める。
③周波数fn毎のちらつき視感度係数anと電圧変動の平均値ΔVnからデルタV10は次の式で求める。

$$デルタV10 = \sqrt{\sum_{N=1}^{\infty}(an \times \Delta Vn)^2}$$

　1回の測定単位は1分間として、1時間60個の測定値を大きな順に並べた時に上から4番目の値を最大値としています。（60個のデータが正規分布すると仮定すると上から4番目の値が95%の範囲に相当していることによります）。
　デルタV10はアーク炉用として日本国内で開発されたもので、国内ではΔV10のフリッカーメーターが市販されています。国際規格ではIEC 61000-3-3、IEC 61000-3-5、IEC 610003-11などで規定されており、デルタV10とは異なる定義がされています。

4-4-2 MPC（多機能変換装置）

ポイント

半導体工場などの重要設備の電源を、送配電系統の停電・瞬低などの電源障害から守るためのパワーエレクトロニクス装置が多機能変換装置、MPC（Multiple Power Compensator）装置です。MPC装置は、通常時は交流電源系統から蓄電池などのエネルギー蓄積装置を充電するとともに重要設備に交流電源を供給します。停電発生時は事故が発生している系統を高速スイッチで切り離してエネルギー蓄積装置から重要設備に交流電源を供給します。これらの、高速スイッチの高速動作、直流・交流変換などのエネルギー変換にパワーエレクトロニクス技術を使用することで、高い変換効率で高信頼度の電源を実現しています。

　半導体工場の重要製造設備などの無停電化をパワーエレクトロニクス装置とエネルギー蓄積装置との組み合わせで実現するのが、MPC（Multiple Power Compensator）装置です（**図1**）。高効率を最新のパワーデバイス、回路方式、制御方式により実現しています。

停電補償の必要性

　パソコンやスマートフォンなどの情報機器、テレビ、洗濯機、電子レンジなどの生活家電、生活に欠かせない多くの電子機器には半導体が使われています。その半導体を作っているのが半導体工場です。

　半導体工場の製造は数百の工程で構成されています。半導体製造のうち、

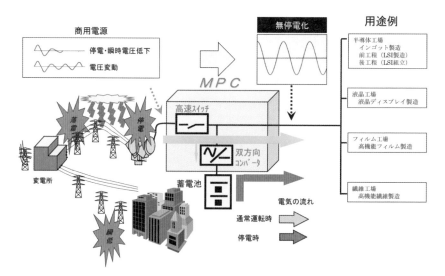

図1　MPCの用途と機能

前工程と言われるシリコンウエハーの表面に回路を構成する工程の工場で
は、シリコン材料に対してフォトレジスト塗布、露光・現像、エッチング、
洗浄、イオン注入などの処理を行い、シリコン材料上に回路を構成します。
各工程で使われる製造装置の他、処理用の薬液、ガスなどを送るためのポン
プ、製造環境を埃から守るクリーンルームのファン、空調設備などの電
気機器が使用されています。これらは、電気で動いているので、停電があ
ると止まってしまいます。

　半導体工場の消費電力は、工場の規模によりますが数万kWになり、一
般家庭数千軒の規模です。

　半導体は、作り始めてから完成するまでに数10日の期間が必要ですが、
一瞬の電圧低下が発生して製造設備が停止すると、製造中の製品の多くが
不良になり、その被害額は1回の停止で数億円になる場合もあるといわれ
ています。

　電力系統で短絡地絡等の事故が発生すると事故点を系統から切り離す過
程で数十分の1秒から数秒の間、広い範囲で電圧低下が発生します。この

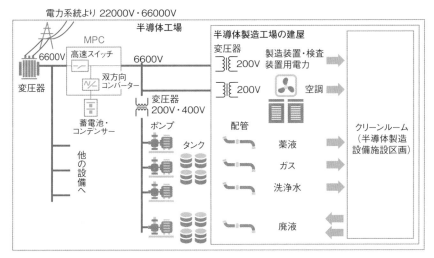

図2　半導体工場の配電系統とMPC装置の設置

事象を瞬時電圧低下（瞬低）と言います。数秒以上の電圧低下事象を停電と言います。

　電圧低下現象は年間数回発生しますが、発生原因の約9割は落雷などの自然現象で[1] さらに減らすことが難しいものです。

　半導体製造設備を含めた工場の生産設備を、上記のような電圧低下による被害から守るのがMPC装置です。

　図2に半導体工場へのMPC装置の設置例を示します。電力系統から受電した22000Vまたは66000Vの電源を変圧器で6600Vに降圧したあとMPC装置を通して配電し、半導体製造設備・空調・ポンプなどへ給電しています。

　図3に瞬低時の電圧波形の例を示します。MPC入力電圧（系統側電圧）は時間0.335秒から入力電圧RS、STの電圧が約50%低下していますがMPC装置で補償されたMPC出力電圧（半導体工場側の電圧）は電圧が低下していないことが判ります。

　電圧低下が発生したときに機器が停止するかどうかは、機器の電圧低下耐量と電圧低下の状況（電圧低下量と電圧低下継続時間）に依存します。

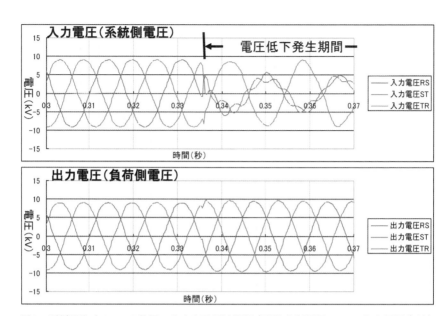

図3 瞬低発生時のMPC装置の入出力電圧波形例（瞬低発生期間のMPC入力電圧（系統側電圧）は約50％低下）

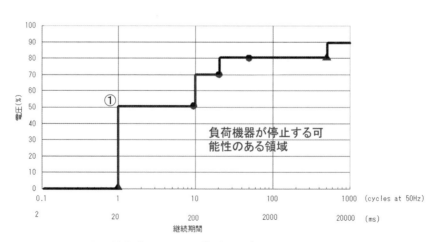

（● ‐ 必須試験ポイント、▲ ‐ 推奨試験ポイント）

図4 半導体製造装置の電圧低下継続時間と耐量[2)]

図4は半導体製造装置の電圧低下耐量の例で、電圧が50％未満になると0.02秒で停止することがあります（①のポイント）。工場の制御機器に使用されることの多い電磁接触器や補助電磁接触器の場合はさらに短い0.005秒（5m秒）程度の電圧降下で誤作動することがあります（**図5**）。

MPC装置の特長

表1にUPSと比較したMPC装置の特長を示します。

MPCは5章で説明するUPS（無停電電源装置）と同じく負荷機器を停電などの電源擾乱から守るための装置です。補償対象の負荷機器の電源容

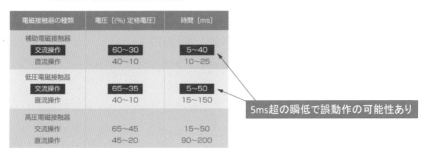

図5　電磁接触器の瞬低耐量の例 [3]

表1　MPC装置の特長

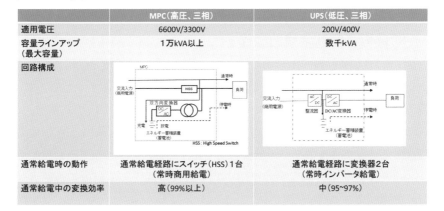

	MPC（高圧、三相）	UPS（低圧、三相）
適用電圧	6600V/3300V	200V/400V
容量ラインアップ （最大容量）	1万kVA以上	数千kVA
回路構成		
通常給電時の動作	通常給電経路にスイッチ（HSS）1台 （常時商用給電）	通常給電経路に変換器2台 （常時インバータ給電）
通常給電中の変換効率	高（99％以上）	中（95〜97％）

図6　MPC装置外観　3000kVA/三相6600V

量が大きいので、以下の特長があります。

・高圧（6600V）に適用可能な大容量の装置が準備されています。

・通常給電時の損失を少なくし、高い効率を達成しています。

　装置容量が1万kVAの場合、1%の損失の変化で年間一千万円電力料金が変化するので、通常給電中の損失が少ないこと（高い変換効率）が求められます。MPC装置では、通常給電中は、高速スイッチ（HSS：High Speed Switch）だけを通して給電する常時商用給電方式として装置の損失を少なくし、高い効率を実現しています。

MPC装置の回路構成と動作

　図7にMPC装置の回路構成と動作を、図8に動作の詳細を記載します。

　通常運転中は、高速スイッチHSSを通して負荷へ給電するとともに、双方向変換器でエネルギー蓄積装置を充電（図7bの期間①）します。

　停電・瞬低発生が発生した時は、高速に電圧の異常を検出（図7bの期間②）し、HSSをオフして系統から切り離すと同時にエネルギー蓄積装置のエネルギーを双方向変換器を用いて正弦波に変換して負荷に供給（図7bの期間③）します。

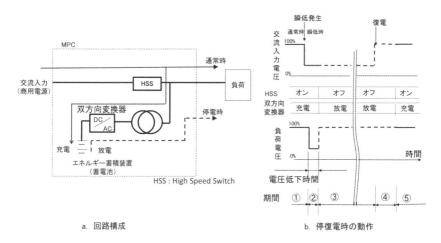

a. 回路構成

b. 停復電時の動作

図7　MPC装置の回路構成と動作

電源状態	装置の動作	給電状態	期間
正常	高速スイッチ（HSS）オン エネルギー蓄積装置を充電 （商用給電）	商用給電	①
瞬低・停電発生	電圧低下検出		②
	高速スイッチ（HSS）オフ エネルギー蓄積装置放電に切換		③
	高速スイッチ（HSS）オフ エネルギー蓄積装置放電	双方向変換器での給電	
正常 （復電）	高速スイッチ（HSS）オフ エネルギー蓄積装置放電 負荷電圧を商用電源と同期（位相あわせ）		④
	高速スイッチ（HSS）オン エネルギー蓄積装置を充電 （商用給電）	商用給電	⑤

図8　MPC装置の詳細動作

系統が停電から復旧すると
MPCの入力に電圧が供給さ
れるので、双方向変換器の出
力電圧を入力電圧と位相を合
わせたあと（図7bの期間④）
HSSをオンし、通常運転に戻
り（図7bの期間⑤）ます。

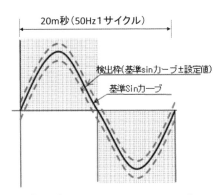

20m秒（50Hz1サイクル）

検出枠（基準sinカーブ±設定値）

基準Sinカーブ

サンプリング周波数10kHz(0.0001秒/サンプル)の
場合、基準sinカーブ(50Hz)1サイクルにおいて200
サンプル

図9　高速停電検出の概念図

図7の瞬低発生直後に起こ
る負荷電圧の電圧低下時間は
図8に示す電圧低下検出時間
とHSSオフ・変換器の放電
動作への切換時間に依存しま
す。そのため、エネルギー蓄積装置からの給電に切換えて電圧が正常にな
るまでの時間（図8の③）を0.5m秒必要だとすると、電圧低下検出時間が
0.5m秒であれば電圧低下時間が1m秒となります。

図9に電圧低下の高速検出技術の概念図を示します。入力電源の波形を
逐次監視し、設定範囲（検出枠）を所定時間以上逸脱した場合に電源電圧
異常を検出します。例えば逐次監視する頻度を10000Hzとすると、最短
0.1m秒で電圧の異常を検出することが可能になります。これは、上記の
電圧低下検出時間0.5m秒よりも十分短い時間です。

MPC装置の制御

UPSは表1に記載したように変換器2台で、各々の変換器が充電制御と
交流電圧制御を行いますが、MPCは1台の変換器の制御を運転状態で切
り換えます。制御の切換は、停復電検出制御回路で行います。

図10にMPCの動作状態毎の制御を示します。通常運転中は双方向変換
器の直流に接続されたエネルギー蓄積装置を充電する直流電圧制御を行い
ます（制御SW1側）。

停電時は、負荷の交流電圧を一定に保つように交流電圧制御を行います

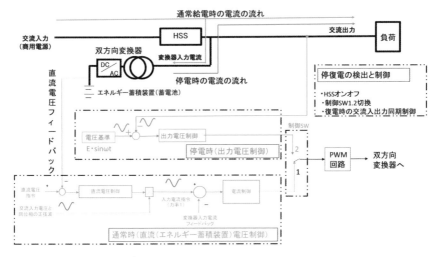

図10　MPC装置の制御ブロック図

（制御SW2側）。

　復電時は、HSSはオフのままで交流出力と交流入力電源との同期制御を行い、同期がとれた時点でHSSをオンして通常運転に戻ります。

大容量瞬低・停電対策装置の将来展望

　日本の電源事情は極めて良く長時間の停電はほとんど発生しないことから、エネルギー蓄積装置と組み合わせたシステムの小型化を図るために、主に瞬低などの短時間停電補償用途に利用されています。しかし、昨今、自然災害による長時間停電での大きな被害が増加しています。

　MPC装置は、大容量の停電補償が可能であるため、非常用発電機を組み合わせたシステムを構成することで、長時間の高圧大容量停電補償を行うこともできます。

　これにより、BCP（事業継続計画）の一環としての長時間停電対策として非常に有効な手段となり得ます。

【参考文献】

1）電気協同研究　第67巻第2号　電力系統瞬時電圧低下対策技術　平成23年9月　社団法人　電気協同研究会

2）SEMI F47‐Specification for Semiconductor Processing Equipment Voltage Sag Immunity semi.org

3）電気協同研究　第55巻第3号　電力品質に関する動向と将来展望　平成12年1月　社団法人　電気協同研究会

第 **5** 章

情報
（データセンター）

5-1 大容量UPS

ポイント

データセンター、通信、航空・交通管制など、我々の生活に欠かせない様々な重要設備の電源を、送配電系統の停電などの電源障害から守り、24時間365日途切れなく供給するためのパワーエレクトロニクス装置がUPS（Uninterruptible Power Systems）、すなわち無停電電源装置です。パワーエレクトロニクス装置とエネルギー蓄積装置との組み合わせによって、電圧変動の少ない高品質な電源を瞬時電圧波形制御で実現しています。また、高信頼度の電源を冗長システムなどにより実現し、高効率を最新のパワー半導体、回路方式、制御方式により実現しています。

インターネットを利用する上で欠かせない存在としてデータセンターがあります。電話、電子メール、ネット予約、ネットバンキング、ネット通販、SNSなど、インターネットをつないだ先には必ずデータセンターがあり、インターネット上のシステムを円滑に動かす上で必要不可欠な存在です。

データセンターは、インターネット用のサーバーや通信装置などの情報通信設備（ICT設備）を設置・運用することに特化した施設です。

図1に示すように、UPSは通常時は交流電源系統から蓄電池など直流のエネルギー蓄積装置を充電するとともに、重要設備に交流電源を供給しま

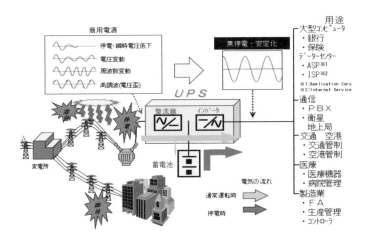

商用電源

停電・瞬時電圧低下
電圧変動
周波数変動
高調波(電圧歪)

無停電・安定化

用途
大型コンピュータ
・銀行
・保険
データーセンター
・ASP※1
・ISP※2
※1:Application Serv
※2:Internet Service
通信
・PBX
・衛星
　地上局
交通　空港
・交通管制
・空港管制
医療
・医療機器
・病院管理
製造業
・FA
・生産管理
・コントローラ

UPS

整流器　インバータ

蓄電池

電気の流れ

通常運転時

停電時

変電所

図1　UPSの用途と機能

す。停電発生時は直流電
源であるエネルギー蓄積
装置から重要設備に交流
電源を供給します。これ
らの交流・直流変換、直
流・交流変換などのエネ
ルギー変換に最新のパ
ワーエレクトロニクス技
術を使用することで、高
い変換効率で高信頼度の
無停電電源を実現しています。

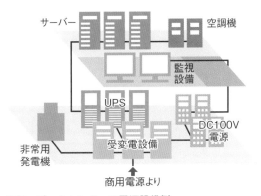

サーバー

空調機

監視
設備

UPS

DC100V
電源

非常用
発電機

受変電設備

商用電源より

図2　データセンターの電源設備例

　図2にデータセンターの電気設備の概要を示します。サーバーなどの
ICT設備、それを冷却する空調設備および監視設備などの電気設備があり
ます。施設内の設備が止まると様々なサービスが停止します。ICT設備は
電気で動いているので、停電があっても電気の供給を絶やさないことが必
要です。

　電気設備を停電から守るために「無停電電源装置（UPS)」と「非常用

発電機」があります。UPSは停電が起こっても電気を途切れさせないための装置です。停電が起こってから非常用発電機で電気を供給し始めるには数十秒から数分間が必要なので、その間も途切れることなく電気を供給するためにUPSを使用します。電源容量はデータセンターの規模によりますが数万kWになり、一般家庭数千軒の規模です。

1. 停電の発生原因

　停電は、電力系統での事故の影響が拡大しないように、電気を運ぶ送電系統から事故点を切り離す過程で起こります。

　図3に、電力系統での事故点と停電の関係を示します。落雷などで短絡が発生すると事故点に向かって大きな電流が流れるので、事故の影響が拡大することを防止するために、事故の発生した送電回路を遮断器で開き、事故点を切り離します。

　事故点を電力系統から切り離すまでの間、事故点を中心に広い範囲（お客様A、B、C）で数十分の1秒から数秒程度電圧が低下します。これを「瞬低」と言います。

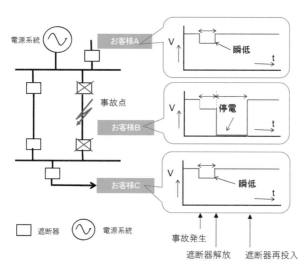

図3　電圧低下発生のメカニズム

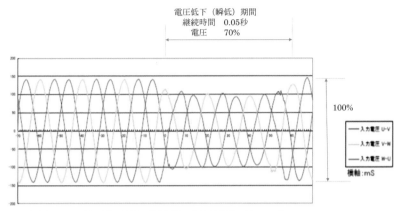

電圧低下（瞬低）期間
継続時間　0.05秒
電圧　　　70%

100%

入力電圧 U-V
入力電圧 V-W
入力電圧 W-U

横軸：mS

図4　瞬低時の電圧低下波形例（瞬低期間の電圧低下は約30%）

　また、お客様Bは事故を除去してから、再度送電線に電力を送るまでの数秒間は、電圧がなくなります。これを「停電」と言います。

　図4に瞬低時の電圧波形の例を示します。0.04秒の間、電圧が約30%低下しています。停電や瞬低などの電圧低下現象は年間数回発生しますが、発生原因の約9割は落雷などの自然現象によるとされ[1]、さらに減らすことが難しいものです。

　電圧低下が発生したときに機器が停止するかどうかは、機器の電圧低下耐量と電圧低下の状況（電圧低下量と電圧低下継続時間）に依存しますが、瞬低のような短時間の電圧低下でも停止する機器があります。UPSを使用することで、停電だけでなく瞬低のような短時間の電圧低下も防ぐことが可能です。

2. UPSの構成と動作

　UPSの基本回路は、図5のように、交流（AC）を直流（DC）に変換する整流器、直流を交流に変換するDC/AC変換器、停電時にエネルギーを供給する蓄電池などのエネルギー蓄積装置からなります。

　UPSは、以下の動作をすることで重要機器に停電の影響を与えません。

　通常時、整流器は電力系統から受電した交流を直流に変換し、蓄電池を

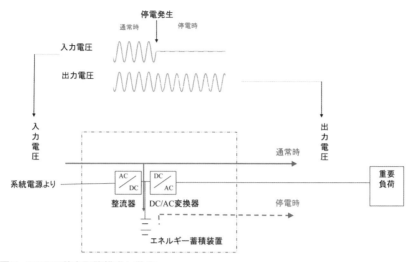

図5　UPSの基本回路構成と動作

充電するとともにDC/AC
変換器に電力を供給しま
す。DC/AC変換器は整流
器から供給される電力を、
一定電圧で一定周波数
（50Hzまたは60Hz）の交
流電力に変換します。

　停電時、整流器は停止し
ますが、DC/AC変換器は
蓄電池から供給される電力

容量　2100kVA
幅　5650mm、高さ　1950mm、奥行き　900mm
質量　6400kg

図6　データセンター向け大容量UPSの外観

を一定電圧で一定周波数（50Hzまたは60Hz）の交流電力に継続して変換
します。

　図6にデータセンター向け大容量UPSの外観を示します。

（1）DC/AC変換回路

　UPSに求められることは、停電の時でも安定した一定電圧の50Hzまた

は60Hzの正弦波交流電圧を重要負荷に供給することです。

　DC/AC変換器は、直流電圧を矩形波の交流電圧に変換するインバーター、矩形波の交流電圧から高調波電圧を除去して50Hzまたは60Hzの正弦波を抽出する交流フィルター、およびUPS出力電圧を一定に制御する電圧制御回路で構成されます。

DC/AC変換（直流−交流変換と交流フィルター）

　図7に単相のDC/AC変換器を示します。電力を変換する主回路は、インバーター回路、リアクトルとACコンデンサーで構成される交流フィルター回路で構成されます。

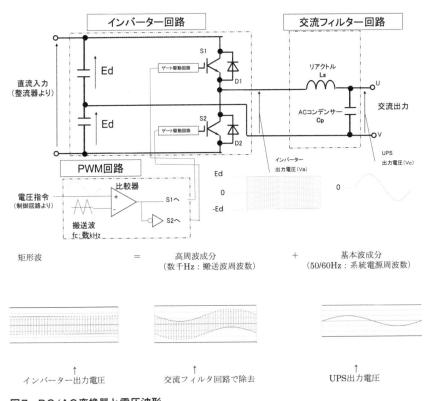

図7　DC/AC変換器と電圧波形

インバーター回路は、PWM（pulse width modulation：パルス幅変調）回路からの指令に基づき直流電圧を数千Hzでオン・オフするIGBT等のパワー半導体（S1、S2）で構成され、直流電圧を矩形波の交流電圧に変換します。矩形波には、矩形波のパルス幅と直流電圧とに応じた50Hzまたは60Hzの正弦波のほかに、スイッチングにともなう数千Hzの周波数の電圧が含まれます。

リアクトルとACコンデンサーで構成される交流フィルター回路は、数千Hzの周波数の電圧を除去し、50Hzまたは60Hzの正弦波を残します（フィルターリング）。これにより、UPSの出力には50Hzまたは60Hzの正弦波電圧を出力します。

DC/AC変換（PWM制御による電圧調整）

UPSのインバーター回路は、出力矩形波のパルス幅を調整する（PWM）ことで、UPSの出力を一定電圧にする機能を持っています。

PWM制御は、高周波数でスイッチングできるスイッチのオン・オフのパルス幅の比率を調整することで、直流電圧を交流電圧に変換します。

これを実現するための代表的なPWM方式が、三角波比較PWM方式です。この方式のスイッチの動作と交流電圧波形を図8に示します。

＋側のスイッチ（S1）をオンにし－側のスイッチ（S2）オフすることで＋パルスを出します。逆に、－側のスイッチ（S2）をオンにし＋側のスイッチ（S1）をオフすることで－パルスを出します。

出力電圧は

　　出力電圧は、S1のオン時間をT1、S2のオン時間をT2とすると

　　T1がT2よりも大きくなると、この期間の平均値は＋

　　T1とT2が同じだと、この期間の平均値はゼロ

　　T1がT2よりも小さくなると、この期間の平均値は－

　T1＋T2の期間の出力電圧Vaと直流電圧Edの関係は

　Va ＝ Ed × ［(T1) － (T2)］／［(T1) ＋ (T2)］

　したがって、((T1) － (T2)) の ((T1) ＋ (T2)) に対する比率を変化

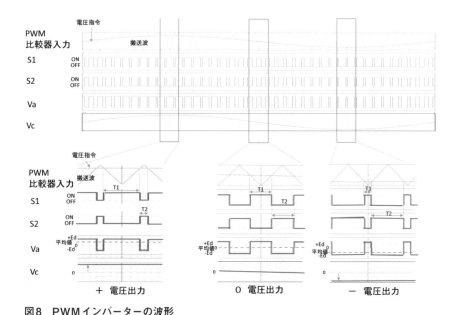

図8　PWMインバーターの波形

させることで、直流電圧以下の任意の電圧を発生させることができます。

DC/AC変換（出力電圧制御）

　図9にUPSのDC/AC変換器の出力電圧制御回路の基本構成を示します。

　電圧制御回路は、交流出力電圧を一定電圧の50/60Hzの正弦波にするため、出力電圧をフィードバックし、正弦波の電圧基準と一致するように制御します。この電圧制御方式は、商用周波数の正弦波形に常に一致するように瞬時に行われるので、瞬時電圧制御と言います。

　図9の制御回路では、電圧制御の後ろにインバーター出力電流の電流制御回路（電流マイナーループ）を有します。電流制御回路を設け、電流制御回路への指令に制限（電流リミッター）を設けることでインバーターにリミッター値以上の過電流が流れないようになり、過電流に対して自然に保護できます。

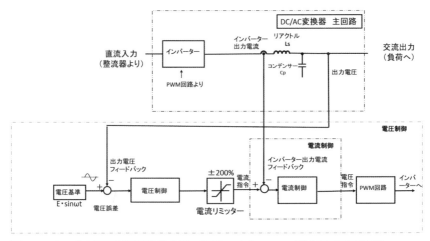

図9　UPSの出力電圧制御回路構成例　（電流マイナーループ付き瞬時電圧制御）

（2）AC/DC変換回路

　UPSのAC/DC変換回路は、交流電圧を直流電圧に変換し、DC/AC変換機に給電するとともにエネルギー蓄積装置を充電する機能を持っています。

　UPSのエネルギー蓄積装置はほとんどの場合、蓄電池が使われており、蓄電池の特性に合わせた一定電圧で常に充電状態を維持する浮動充電方式が多く使われています。

AC/DC変換（交流−直流変換）

　図10に代表的なAC/DC変換回路であるPWMコンバーターの主回路構成を示します。

　コンバーターは、インバーターと同じ構成ですが、インバーターがPWM制御によって出力電圧を制御するのに対し、交流入力側にPWM制御された矩形波の交流電圧（コンバーター出力電圧）を発生します。

AC/DC変換（入力電力制御の原理）

　リアクトルに印加された電圧（VLS）に応じて入力電流（ILS）が流れます。VLSは交流入力電圧（Vi）とコンバーター出力電圧（Vc）との差

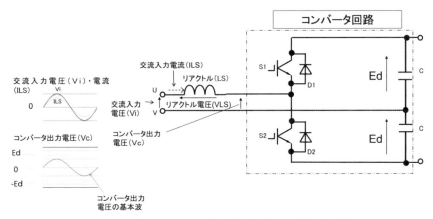

図10　PWMコンバーター方式AC/DC変換回路の構成と各部電圧・電流

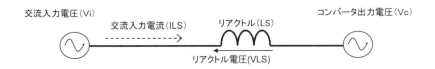

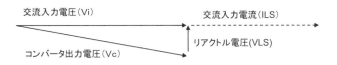

交流入力電力＝交流入力電圧（Vi）×交流入力電流（ILS）

交流入力電圧と交流入力電流は同じ位相（力率1）

図11　PWMコンバーターの電力制御原理

なので、Vcを調整することで、入力電流（ILS）を調整できます（**図11**）。

　入力電力と入力電流・入力電圧は以下の関係があり、入力電圧はほぼ一定なので、入力電流を制御することで入力電力を制御できます。

$$入力電力 = 入力電圧（Vi）× 入力電流（ILS）× \cos（\theta）$$

θ：入力電圧と電流入力電流の位相差。UPSのPWMコンバーターの場合はゼロ

UPSでは、系統側からの電流を最小で電力を最大にするために力率（cos（θ））を最大（1）にする制御を行っています。

AC/DC変換（直流電圧制御）

直流回路のコンデンサー（C）は電力を蓄えると電圧が高くなり、電力が流出すると電圧が低くなります。流出する電力は負荷（インバーター）側の電力に依存するので、直流回路の電圧を制御するためには流入する電力を制御する必要があります。

前記の入力電力（電流）制御原理を利用して、直流電圧が直流電圧指令よりも低い時は入力電力（電流）を増やし、高い時は入力電力（電流）を減らすことで直流電圧を制御します。

図12に、PWMコンバーター方式の高力率コンバーターの制御回路の概要を示します。直流電圧制御からの電流指令に基づいて交流入力電圧と同

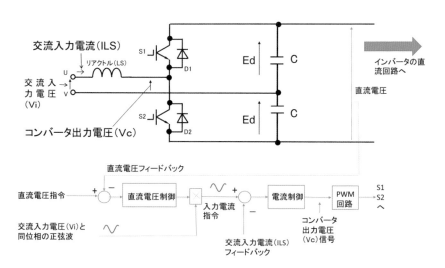

図12　UPSのAC/DC変換器の直流電圧制御と入力電流制御ブロック図

じ位相（力率1）となるように、コンバーター出力電圧を調整して交流入力電流の制御を行います。

3. 給電信頼性を高める方策

　UPSは、24時間365日給電を継続することを求められます。そのため、故障しにくく信頼性の高い部品を採用するのはもちろんですが、システムとしても給電を継続するために工夫が行われています。代表的な方法として大きく以下の3種類があります。

① バイパス回路と同期無瞬断切換（1台のUPSが故障しても予備電源で給電する）。
② 冗長方式（1台のUPSが故障しても、残りのUPSで給電を継続する）。
③ 複数母線システム（電源システムそのもの、さらには負荷システムも2系統以上とする）。

　ここでは、UPSの特徴的な制御を使っている①と②の方式を説明します。

（1）バイパス回路と同期無瞬断切換

　図13に同期無瞬断切換回路を示します。バイパス回路は、DC/AC交換器の給電能力以上の負荷電流が流れたり、DC/AC交換器が故障したりした場合など、UPSで給電を続けられなくなった場合に一時的に使用する通常給電経路とは別経路の回路です。UPSで給電できなくなった場合に、自動的にバイパス回路に切り換えて給電を継続します。

　UPS出力電圧はバイパス回路電圧と同期（同じ位相、同じ周波数）するように制御しており、切り換えるときは、サイリスタスイッチを使用して数万分の1秒で切り換わるので、負荷機器からは連続して給電されているように見えます。この切換方法を同期無瞬断切換と言います。

　バイパス回路とDC/AC変換回路出力のお互いの電圧波形が同期してい

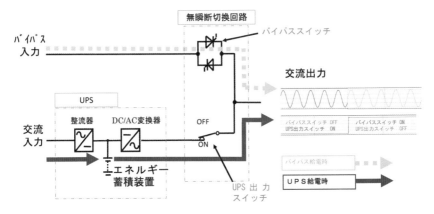

図13　同期無瞬断切換回路によるバイパス回路とUPS出力回路の切換動作の概要

ないと、切換後に大きな電流が流れ、過電流保護回路が動作して給電が停止する恐れがあります。それを防ぐために、UPS出力をバイパス回路と同期する同期制御回路を持っています。

　同期制御回路は、インバーターの周波数を調整してバイパスの電圧と同じ周波数で同じ位相となるように制御する回路です。**図14**に同期制御回路の原理を記載します。バイパス回路の電圧とUPS出力電圧の位相（電圧のゼロ点）が一致するようにインバーターの周波数を調整します。

　バイパス回路の電圧とUPS出力電圧が同期すると、周波数も同じになります。負荷機器は動作できる周波数に制約のあるものがあります。そのため、バイパス電圧の周波数が設定した周波数範囲（同期周波数範囲）内の場合は同期制御を行い、同期周波数範囲を逸脱した時はバイパス回路との同期をせず、制御回路内部で生成している50または60Hzの周波数で動くようにしています。

(a) バイパス同期制御回路のブロック図

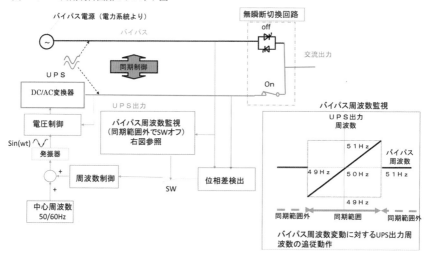

(b) 同期制御回路による位相制御動作

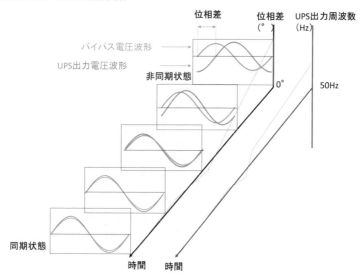

図14　バイパス同期制御回路のブロック図と同期制御の動作

（2）冗長システム

2.1 並列冗長システム

　UPSの給電信頼度を高める方式として、並列冗長システムがあります（**図15**）。並列冗長システムでは、並列接続したUPS（n+1）台でn台分の負荷に給電（例：100kVAのUPS2台で100kVAの負荷へ給電）することで、1台故障しても残りのUPSで給電を継続できます。これにより、バイパスへ切換することがほとんどない高い給電信頼度を持ったシステムを構築できます。

　単一UPSシステムと並列冗長システムの給電信頼度（バイパスへ切り換わる確率）の違いを**表1**に示します。UPS1台の平均故障間隔を$1/\lambda$（時間/回、例えば10万時間（約11年）に1回）とし、故障復旧までの時間γ（時間、例えば10時間）とします。

　UPSを復旧するまでの10時間に商用電源に停電が発生すると負荷に影響が出るので、給電信頼度の評価は、バイパス（商用）電源に切り換わる頻度で行うことができます。

　バイパス無瞬断切換付き単一UPSシステム（図15でNo.2UPSがない構成）の場合は、UPSの故障によってバイパス（商用）電源に切り換わる時間間隔は、UPSの平均故障間隔と同じになり

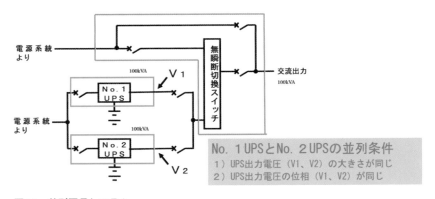

図15　並列冗長システム

表1　並列冗長システムによる高信頼度化の例

システム		UPS1台の故障確率	UPS2台同時故障確率	バイパスへ切り換わる確率
単一UPSシステム	バイパス無瞬断切換付き UPS台数　1台 負荷　UPS1台分	11年に1回	―	10年に1回
並列冗長システム	バイパス無瞬断切換付き UPS台数　2台 負荷　UPS1台分	11年に1回	110万年に1回 （1台故障し、復旧まで（10時間と想定）にもう1台が故障）	11万年に1回

バイパス無瞬断切換付き単一UPSシステムのバイパス切換時間間隔
$1/\lambda$ =100,000時間/回（約11年に1回）

となります。

　バイパス無瞬断切換付き並列冗長システムの場合は、1台のUPSユニットが故障復旧前に、さらにもう1台のUPSが故障した場合にバイパス（商用）電源に切り換わるので、切り換わる時間間隔は以下の通りとなり、バイパス付き単一UPSシステムに比べると、給電信頼度は極めて高くなります。

バイパス無瞬断切換付き並列冗長UPSシステムのバイパス切換時間間隔
$(1/\lambda) \times (1/\lambda/\gamma)$ =1,000,000,000時間/回（約110万年に1回）

　並列冗長システムでは、1台が故障しても他の装置に影響を与えないことが重要です。そのため、共通の回路を極力排し、かつ共通部分の信頼性を上げる工夫が行われています。

　図16にUPSの並列制御ブロック図の例を示します。この制御回路では、並列制御回路が各UPSに設けられており、共通部分は負荷電流を各UPSに分担する部分だけなので、使用部品の極小化などによる高信頼度化は比

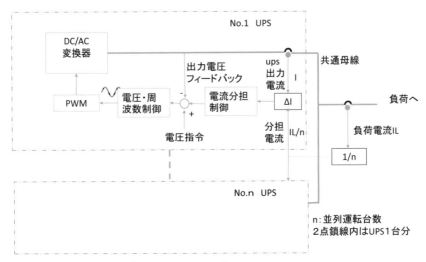

図16　電力分担偏差によるUPSの並列制御ブロック

較的容易に実現できます。

　図16では、各々のUPSが分担すべき電流、すなわち負荷電流ILを並列運転中のインバーター台数nで割った値IL/nを求め、それと現在の自分の出力電流（I）との偏差ΔI＝IL/n－Iを求めます。このΔI信号をゼロにするように各々のUPSが電圧と周波数（位相差）の制御を行うことで、並列運転を行うことができます。

2.2 待機冗長システム

　UPSのバイパス回路の電源に別のUPSを1台設けることでも給電信頼度を上げることができます。

　図17は、UPS（常用系UPS）に対して、予備UPS（待機系UPS）を1台備え、常用UPSの故障または保守点検時には予備UPSへ切り換えることで、UPS給電を継続することができます。この方式の特長は、負荷が常用UPS毎に分離されているため、負荷側の事故の影響が他の常用UPSにつながった負荷に影響を与えないことです。

　各常用UPSのバイパス入力に接続された入力切換盤のスイッチは、通

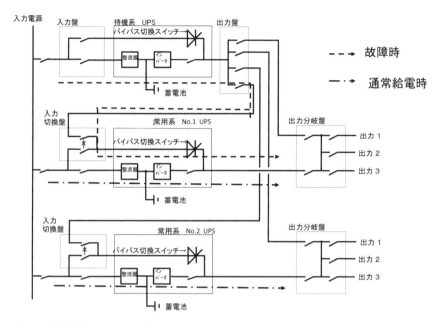

図17　待機冗長システムの構成例

常は待機系UPS側に接続されています。常用系UPSの内1台（常用系
No.1UPS）が故障や保守点検などにより待機系UPSを使用する場合（破
線の給電経路）、待機側に切り換わっていないUPS（常用系No.2UPS）の
バイパス入力に接続された入力切換盤のスイッチを入力電源側に切り換え
ることで、万一常用系No.2UPSがバイパス給電に切り換わっても待機側
UPSが過負荷になることを防止できます。

4. 低損失化

（1）3レベルインバーターによる損失低減

　高効率化の手法として、変換器が発生する損失および高調波を低減した
のが3レベルインバーターです。従来のインバーターは3レベルに対して2
レベルインバーターといわれます。

　図18に3レベルインバーターと2レベルインバーターの主回路構成と出

力線間電圧波形の例を示します。3レベルインバーターでは、パワー半導体のスイッチングにより、各相3つの電圧レベル（直流電源のP、Nに加えて中点（C））を選択できます。線間電圧（例えばv1-v2間）は、各相電圧の差になるので、図のように3レベルインバーターでは5段階、2レベルインバーターでは3段階の電圧となります。

　図の出力電圧波形より、インバーターの出力電圧波形は3レベルインバー

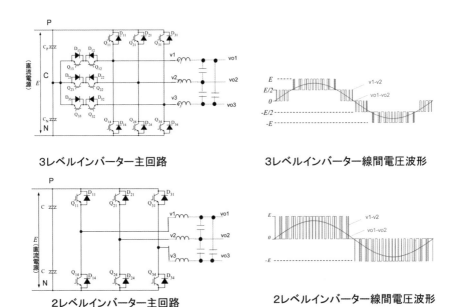

3レベルインバーター主回路　　　　　3レベルインバーター線間電圧波形

2レベルインバーター主回路　　　　　2レベルインバーター線間電圧波形

図18　3レベルインバーター回路と2レベルインバーター回路の比較

表2　3レベル化による効果

方式	出力高調波電圧	効果	スイッチング素子の電圧	効果
2レベル	大	－	E	－
3レベル	小	ACフィルタ小型化 ACフィルタ損失低減	½・E	スイッチング損失低減

ターの方が、矩形波と正弦波の差が小さく、より正弦波に近くなります。

インバーターの出力電圧波形が正弦波に近づくと、含有高調波成分が少なくなるために高調波除去のためのフィルター回路を低損失にすることができます。

さらに、この回路を用いることで、2レベルインバーターと比較して1回のスイッチング時の電圧の変化が1/2になっています。その結果、半導体スイッチへの電圧ストレスを直流電圧Eの半分（E/2）とすることができるので、直流電圧に比例するスイッチング損失も低減することができます。

（2）トランスをなくすことによる損失低減

高効率化の手法として、通常給電中の部品（トランス）を無くしたのがトランスレス変換方式です。図19に、トランス付きUPSとトランスレスUPSの基本回路構成を示します。トランスは2%程度の損失を発生するので、トランスをなくすことで装置の高効率化を実現できます。

図19（a）のトランス付きUPSでは、DC/AC変換器が出力する電圧をトランスを用いて任意の電圧に変換することができます。蓄電池は放電すると充電時の70%程度まで電圧が下がる特性があるので、停電時に蓄電池電圧（直流リンク電圧）が低下してDC/AC変換器が出力できる電圧が下がった時でもUPS出力に一定の電圧を出力可能な設計のトランスにします。

一方、図19（b）のトランスレスUPSにおいては、トランスがないので停電時に蓄電池電圧が低下した時でも出力電圧を得るために直流リンク電圧を維持するための昇降圧チョッパー回路を蓄電池と直流リンクの間に設けています。昇降圧チョッパーは通常時はほとんど電流が流れないので、通常給電時の損失はほとんど発生しません。これにより、高い効率が実現できます。

（3）IGBTの低損失化

最近のUPSに使われているパワー半導体IGBTは、1990年代に製品化

(a) トランス付きUPSの主回路構成

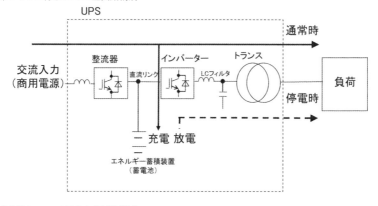

(b) トランスレスUPSの主回路構成

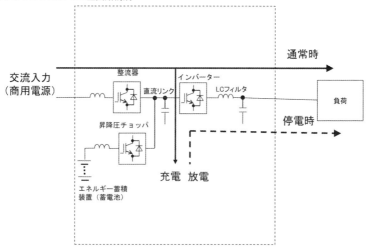

図19　トランス付きUPSとトランスレスUPSの回路比較

表3　トランス付きUPSとトランスレスUPSの比較

方式	特長	効率	その他（装置寸法など）
トランス付きUPS	回路構成が簡単	93%程度	トランスを収納するために、装置寸法、質量が大
トランスレスUPS	通常時の給電経路にトランスがなくなることで、トランス分の損失低減	96%程度	昇降圧チョッパはトランスよりも小形軽量なので、装置寸法、質量は小

- 第1世代から、損失低減
  の開発が進んでいる。

- 最新の第7世代では、第1
  世代から格段に損失が低
  減している。
- パワエレ機器の大容量化、
  高効率化が実現した。

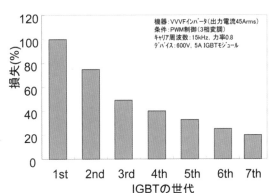

図20　IGBTの損失低減トレンド[3]

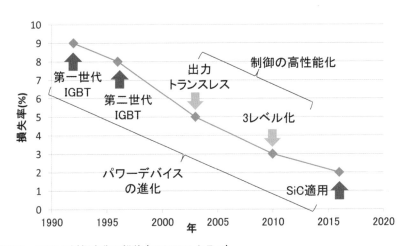

図21　UPSの低損失化の推移（500KVAクラス）

された第1世代に比べて、損失が20%程度に少なくなっており、UPSの高
効率化に寄与しています。**図20**にIGBTの世代による損失の推移[3] を示し
ます。

　近年では、IGBTよりも高速スイッチング可能でスイッチング時の損失
が少なく、オン電圧も少ないSilicon Carbide（SiC）が適用され、さらに
装置の損失が低減される例[2] があります。

図21にUPSの低損失化の推移を示します。上記（1）から（3）により、UPSの損失率は1990年代に9%程度だったものが、約30年で2%程度まで80%程度低減されています。

【参考文献】

1）電気協同研究、第67巻第2号、電力系統瞬時電圧低下対策技術、平成23年9月、社団法人電気協同研究会

2）三菱電機技報、Vol91、No.9、2017、高効率・大容量の無停電電源装置、2017年9月、志摩、木村、井尻

3）三菱電機技報、Vol88、No.5、2014、パワーデバイス技術の現状と展望、2014年5月、眞田、佐藤

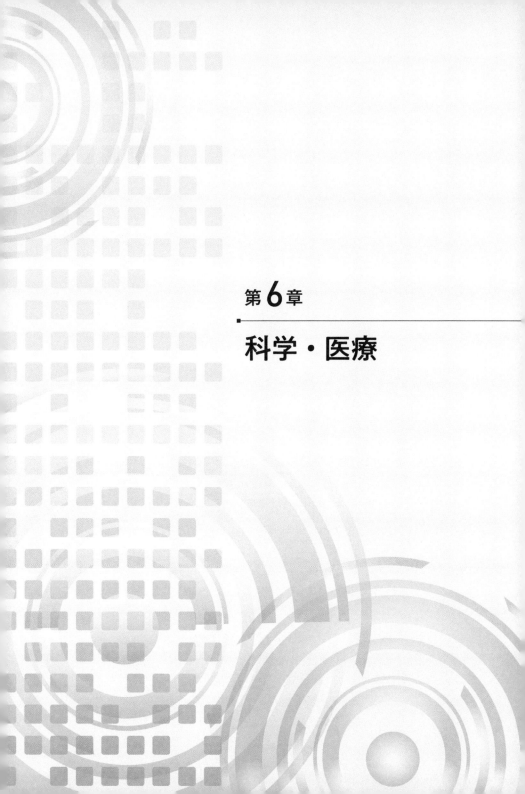

第**6**章

科学・医療

粒子加速器、粒子線治療、核融合炉

科学実験用大型加速器に使われる電磁石電源や陽極電源は、大電流や高圧直流電圧を供給するのみではなく、超高精度、超低リプル、高速応答など特別な性能が要求されます（6-1-1）。これはパワーエレクトロニクスがキーとなって実現されています。同様に粒子線治療用加速器でも、粒子の周回軌道を制御するのには多くの電磁石が使われます。それらを精密に制御する偏向電磁石電源やスキャニング電磁石電源は、超高精度、超低リプル、高速応答などの性能が要求されます。これらは最新のパワーエレクトロニクスがキーとなって実現されています（6-1-2）。

6-1-2では、核融合実験炉に使われる超大型の電磁石を駆動するコイル電源や、炉内の加熱方法のひとつである中性粒子入射（NBI）で、高電圧を供給するNBI電源についても解説しています。科学実験用の特殊な装置ではありますが、超大電流の供給や高速スイッチングにパワーエレクトロニクスがどのように寄与しているかを知ることができます（6-1-2）。

6-1-1 科学実験用加速器

ポイント

科学実験用加速器では、陽子等の粒子を高いエネルギーにまで加速して、ターゲットに衝突させることで、素粒子などの様々な研究が行われています。こうした研究の成果はノーベル賞受賞にも深く関わっています。科学実験用大型加速器に使われる電磁石電源や陽極電源は、単に大電流や高圧直流電圧を供給するのみではなく、超高精度、超低リプル、高速応答など特別な性能が要求されます。これはパワーエレクトロニクスがキーとなって実現されています。

茨城県東海村にある大強度陽子加速器施設（J-PARC：Japan Proton Accelerator Research Complex）では、物質・生命科学および素粒子に関係する様々な研究が行われています（**図1**）。ニュートリノを人工的に発生して、295km離れた岐阜県飛騨のスーパーカミオカンデに地球を貫いて打ち込み観測する「T2K（Tokai to Kamioka）」という実験も行われています。

この加速器では直径10cmから15cm程度の管が、周長約1600mに亘ってリング状に設置されており、この管の中を真空に保ち、円周上を陽子が周回、光の速さの99.98％程度まで加速されます。陽子の周回軌道を制御するのに多くの電磁石が使われていて、この電磁石に電流を流すのが電磁石電源です。また陽子の加速には、加速空洞で発生する数MHzの高周波電界が使われます。加速空洞には1MWもの高周波電界を発生させるための高周波増幅器が必要で、四極管が使われます。四極管に高圧の直流電圧を供給するのが陽極電源です。これらの装置にパワーエレクトロニクスが

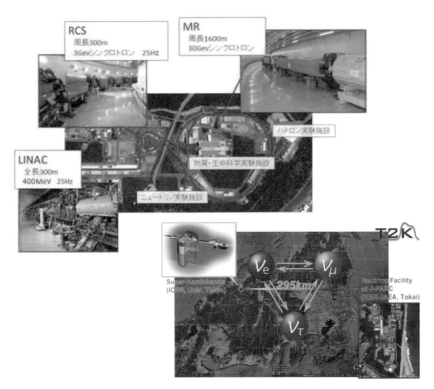

図1　J-PARCの全体図
（出所：J-PARCセンター）

使われています。

　加速器に使われる電磁石電源や陽極電源は、単に大電流や高圧直流電圧を供給するのみではなく、超高精度、超低リプル、高速応答等、特別な性能が要求されます。これはパワーエレクトロニクスがキーとなって実現されています。

　この章で解説する加速器用の電磁石電源の性能は、

パターン通電：約10%から100%を数秒で繰り返し通電
精度：±0.005%（±0.5×10⁻⁴）以下
電流リプル：0.0001%（1×10⁻⁶）以下

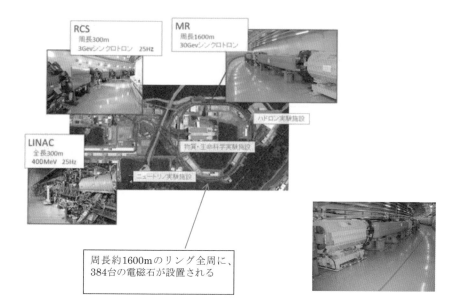

図2　電磁石
（出所：J-PARC センター）

　という極めて高いものです。陽子の周回軌道を制御するための電磁石は、384台設置されています。これらの電磁石は20のグループに分けられて、このグループ単位に1台の電磁石電源が設けられています（**図2**）。

　ほぼ光速で周回する陽子は、わずかな軌道のずれで管の壁へ衝突、消滅してしまいます。軌道のずれ1mm程度以下を、加速器周長の1km以上で保つには、例えると1km先の1mmの的に当てる精度が必要ということです。この超高精度、超低リプルが本当に必要なのかと信じ難いところですが、仮に精度が1桁悪くなっただけで、陽子は本当に消滅してしまい、無用の電磁石電源になってしまうのです。定格1547Aに対して、精度が77mA（千分の77A）のずれ、リプルが1.6mA（千分の1.6A）しか許されないということです（**図3**）。

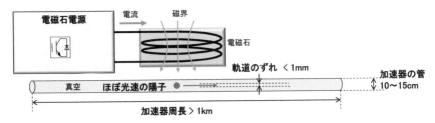

図3　精度のイメージ図

電磁石電源

　電磁石電源でのパターン通電波形を**図4**に示します。定格は、1547A、4500Vの電磁石電源になります。

　数秒周期で、フラットベース193Aからフラットトップ1574Aの電流を繰り返すパターン通電をします。

　電磁石電源の回路構成を**図5**に示します。電流形自励式コンバーターを主たる変換装置として、リプル成分を除去するためのリアクトル、フィルター、可変フィルターを設けた構成となります。可変フィルターは、リプル成分を検出して、IGBTのスイッチング制御でリプル電流をバイパスさせることにより、電磁石側へのリプル電流の流出を抑えるようにしています。

　保護回路のサイリスタースイッチは、異常時に電磁石の電流をバイパスさせるためのものです。例えば通電中に停電すると電磁石の電流の行き場をこのサイリスタースイッチがつくることになります。これが無いと、電流を強制遮断することになって、過電圧が発生して大きな事故になりかね

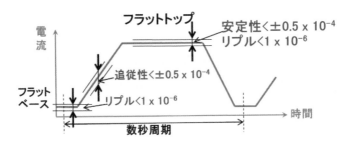

図4　電磁石電源のパターン運転

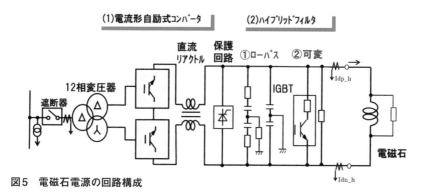

図5　電磁石電源の回路構成

ません。サイリスター
スイッチは停電でも点
弧できるような回路構
成になっています。
　電流形自励式コン
バーターの構成を**図6**
に示します。スナバエ
ネルギー回生方式とい

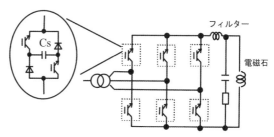

図6　電流形自励式コンバーターの構成

う回路構成になっています。

　電磁石電源の制御構成を**図7**に示します。制御はディジタル制御により
ソフトウェアで実現しています。電流検出部分だけはアナログ回路である
ので、ここはA/Dコンバーターでディジタル化しています。
パターン電流の指令値に従って、電流のフィードバック制御をします。た
だし、超高精度ということで、電流検出のアナログ部分の温度変化による
検出のずれが許容できないことから、±1℃の温度一定制御をしています。
電流パターンに追従し、超高精度を達成するためには、電流フィードバッ
クの制御ゲインは大きくすること（数千倍以上）になります。ただそれだ
けではパターン追従での超高精度は実現できないので、フィードフォワー
ド制御も加えています。
　超高精度に必ずついてまわるのはノイズ問題です。スイッチングする装

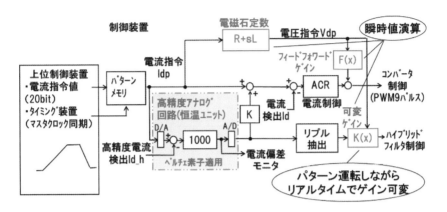

図7　電磁石電源の制御構成

置は、ノイズも流出することになりますので、超高精度電源ではこのノイズ対策に苦労することになります。数千倍以上のゲインが必要であるということは、検出したノイズも増幅してしまうことになるのが難点です。

　ノイズは配線上に存在する浮遊容量に、スイッチングによるサージ電流が流れ込むことによって発生することが主な要因と考えられます。これに対応するには、まず浮遊容量の存在を正しくとらえること、そこに流れ込むサージ電流を認識すること、その上で対策を考えることになります。実はノイズ対策は一朝一夕にはいかず、解決策はその都度考えるのが現実です。

　電流検出CT（Current Transformer）にノイズ電流が含まれないようすることも重要です。図5の電磁石電源の回路構成に示されるように、＋側、

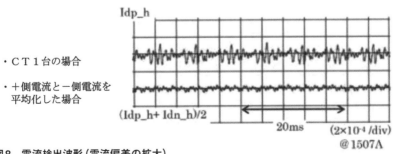

図8　電流検出波形（電流偏差の拡大）

－側にCTが設けられています。コモンモードノイズは、＋側、－側から同位相で負荷側に流出することになります。このことで＋側、－側のCT検出値を平均化すると、ちょうどノイズ電流を相殺してくれることになります。実際の測定結果を図8に示します。うまく相殺できていることが分かると思います。

　J-PARCでの電磁石電源1台の実際の設置状況を図9に示します。

　電磁石電源の実際の通電波形を図10に示します。精度の±0.005％を確認するために、電流指令値と電流検出値の差分を1000倍した電流偏差として測定しています。ピッタリ精度が達成されていることが分かると思います。

図9　電磁石電源

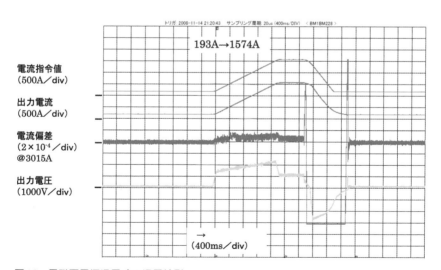

図10　電磁石電源通電時の通電波形

陽極電源

　陽子の加速には、加速空洞で発生する数MHzの高周波電界が使われます。加速空洞はリングの一部分に10台程度設置されています（図11）。加速空洞には1MWの高周波電界を発生させるための高周波増幅器が必要で、四極管が使われます。四極管に高圧の直流電圧を供給するのが陽極電源になります。陽極電源の性能目標は、以下の通りです。

　電圧リプル：±0.2％以下
　電圧変動：負荷電流急変（0~100％）に対して、電圧変動±1.0％以下
　負荷短絡時エネルギー流入：50J以下

図12に陽極電源、高周波増幅器、加速空洞の構成図を示します。
陽極電源の定格は、DC13kV、92Aとなります。
四極管は真空の管内に電極があって、この電極は通常の電圧印加でも短

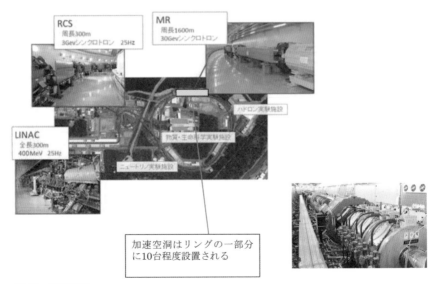

　　　　　　　　　加速空洞はリングの一部分
　　　　　　　　　に10台程度設置される

図11　加速空洞
（出所：J-PARCセンター）

絡することがあります。短絡したとしても電極にダメージを与えないことが必要で、そのために負荷短絡時のエネルギー流入50J以下という制約がつきます。四極管からすれば、電極が短絡しても復活できるということです。

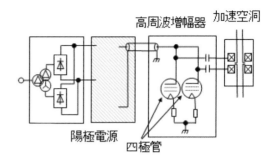

図12　陽極電源、高周波増幅器、加速空洞の構成図

　加速するタイミングは周期的で、加速の無いタイミングでは、陽極電源は電流0で待機し、直流電圧は保持になります。このことから負荷電流急変（0~100%）に対して、電圧変動±1.0%以下という性能も要求されます。

　陽極電源の回路構成を図13に示します。直列共振形インバーター方式の回路構成となっています。ゼロ電流スイッチングによりスイッチング損失を無くすこと、同一のユニット15台を並列接続して、1台のスイッチング最大31.2kHzを多重化することで等価468kHz運転していることが特徴です。

　直列共振形インバーターの動作について図14に示します。

　単相ブリッジインバーターで、たすき掛けの2個のIGBTをセットにして交互にスイッチングさせます。IGBTのスイッチングパルス幅は、ゼロ

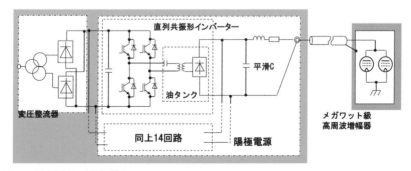

図13　陽極電源の回路構成

電流スイッチングになるように一定になっています。インバーターの出力には直列共振のための、コンデンサーとリアクトルが接続されます。リアクトルはトランスのインダクタンス成分を使っています。

可変にしているスイッチング周波数を制御することで、出力の制御はされます。

陽極電源の制御構成を**図15**に示します。

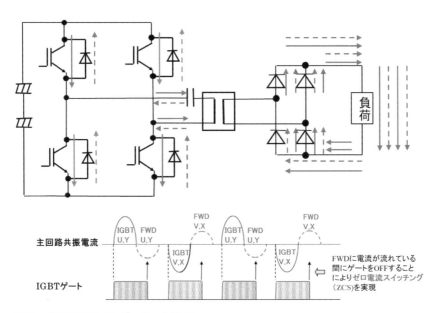

図14　直列共振形インバーターの動作

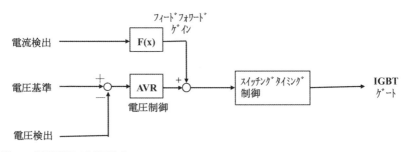

図15　陽極電源の制御構成

　電圧一定値の指令に従って、電圧のフィードバック制御をするのが基本構成になります。負荷電流急変での高速応答のために、電流検出でのフィードフォワード制御も加えています。

　負荷短絡時エネルギー流入50J以下の実現については、短絡検出で停止しますが、停止した後でもフィルターコンデンサーからエネルギー流入は避けられません。フィルターコンデンサーの容量は小さくすることがポイントであり、多重化により等価周波数468kHzまで上げたのはこのためということです。

　実際のJ-PARCでの陽極電源を図16に示します。このような電源が十数台設置されています。

　陽極電源の実際の通電波形を図17に示します。負荷電流急変

図16　陽極電源

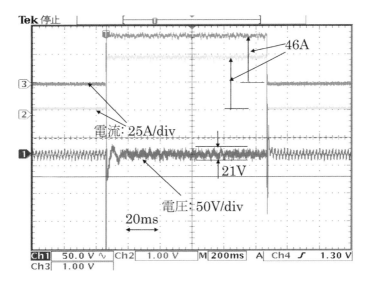

図17　陽極電源通電時の通電波形

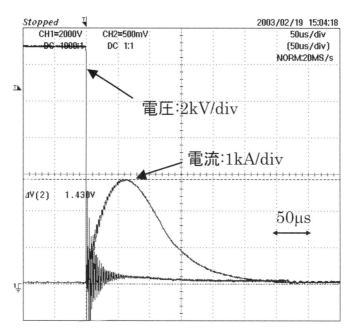

図18　負荷短絡試験時の通電波形

での電圧変動が抑制されていることが分かると思います。

　負荷短絡試験時の通電波形を**図18**に示します。この時に電流波形から確認できたエネルギー流入量は、12Jとなります。

6-1-2 医療用加速器、核融合実験炉

ポイント

粒子線治療は、陽子あるいは炭素粒子を加速器で加速し、がん病巣に照射して治療する先進医療です。加速器は直径10cm程度の管が、周長約60mに亘って環状に設置され、この管の中を陽子または炭素粒子が周回、光の速さの70％くらいまで加速されます。粒子の周回軌道を制御するのには多くの電磁石が使われていて、それらを精密に制御する偏向電磁石電源やスキャニング電磁石電源は、超高精度、超低リプル、高速応答などの性能が要求されます。これらは最新のパワーエレクトロニクスがキーとなって実現されています。

この節の後半では、核融合実験炉に使われる超大型の電磁石を駆動するコイル電源や、炉内の加熱方法のひとつである中性粒子入射（NBI）で、高電圧を供給するNBI電源について紹介しています。科学実験用の特殊な装置ではありますが、超大電流の供給や高速スイッチングにパワーエレクトロニクスがどのように寄与しているかを知ることができます。

　がんの放射線治療に使われる粒子線治療は、陽子あるいは炭素粒子を加速器で加速し、がん病巣に狙いを絞って照射し、がん細胞を破壊して治療する先進医療です。

　イオン源から発生した粒子は、直線加速器で加速され、シンクロトロンと呼ばれるリング状加速器を周回して光速近くに加速されます。加速した粒子は、治療室に導かれ、がんに照射されます（**図1**）。

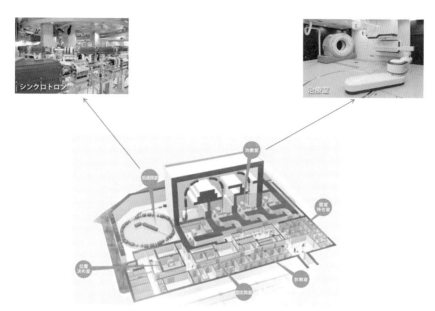

図1　がん治療用加速器施設の全体図
（出所：神奈川県立病院機構　神奈川県立がんセンターのホームページより。http://kcch.kanagawa-pho.
jp/i-rock/about/facilities.html）

　がん治療用加速器では直径10cm程度の管が、周長約60mに亘ってリング状になっていて、この管の中を真空に保ち、円周上を陽子または炭素粒子が周回、光の速さの70％位まで加速されます。粒子の周回軌道を制御するのには多くの電磁石が使われていて、中でも粒子を偏向させて周回させるための電磁石に電流を流すのが偏向電磁石電源、また加速された粒子は治療室まで導かれ、治療照射の直前に粒子を数mmごとにスキャンするためのスキャニング電磁石があり、ここに電流を流すのがスキャニング電磁石電源と呼ばれます（**図2**）。これらには最新のパワーエレクトロニクス技術が使われています。

　がん治療用加速器に使われる偏向電磁石電源やスキャニング電磁石電源は、超高精度、超低リプル、高速応答の性能が要求されます。具体的には、

　　パターン通電：約10％から100％を数秒で繰り返し通電

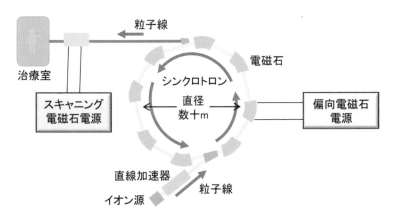

図2　がん治療用加速器の概念構成図

　　精度：±0.01%（±1×10⁻⁴）以下

　　電流リプル：0.001%（1×10⁻⁵）以下

などの性能が求められます。

　粒子を偏向させて周回させるための電磁石は18台設置されています。この18台の電磁石は直列に接続されて、1台の偏向電磁石電源が通電します。軌道のずれがあると粒子は管の壁へ衝突、消滅してしまいます。ここで要求される性能は、例えると100m先の1mmの的に当てる精度になります。科学実験用の加速器に比べて精度が1桁緩くなっているのは、加速するエネルギーの違いによるもので、科学実験用はかなり大きなエネルギーに加速するので、精度も高いということになります。

偏向電磁石電源

　偏向電磁石電源の回路構成を**図3**に示します。定格は2220A、1460Vとなります。チョッパーを多段直列接続した構成として、等価スイッチング周波数を高くすることでリプル低減をしています。

　ノイズ対策には、電磁石への配線を対称とし、高精度DCCT（直流電流検出CT）をノイズが少ない所に設置、また電磁石には振動電流ダンピン

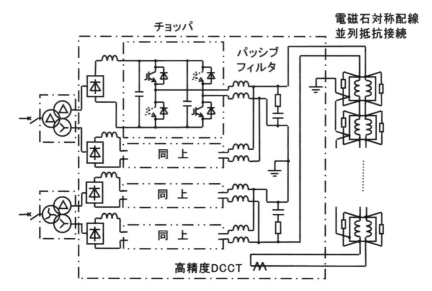

図3　偏向電磁石電源の回路構成

グの並列抵抗接続をしています。

　コモンモードノイズは、＋側、－側から同位相で、負荷側の配線上に存在する浮遊容量へ流出して、ノイズ電流となります。電磁石の配線を対称にすると、その末端でノイズ電流が見えなくなるポイントができるので、そこに電流検出CTを設置することでノイズ電流を含まない電流検出ができます。また配線上の浮遊容量と電磁石インダクタンスでの共振により振動電流が流れることでもノイズとなってしまいます。この対策としては、電磁石各々に並列に抵抗を接続して振動電流をダンピングします。

　偏向電磁石電源の制御構成を**図4**に示します。制御はディジタル制御によりソフトウェアで実現しています。電流検出部分だけはアナログ回路であるので、ここはA/Dコンバーターでディジタル化しています。

　パターン電流の指令値に従って、電流のフィードバック制御をします。ただし、超高精度ということで、電流検出のアナログ部分の温度変化による検出のずれが許容できないことから、±1℃の温度一定制御をしています。

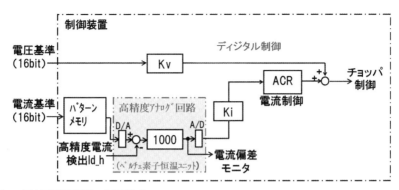

図4　偏向電磁石電源の制御構成

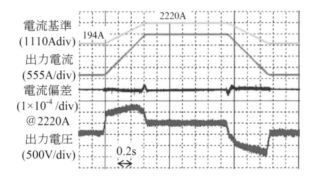

図5　偏向電磁石電源の通電波形

　電流パターンに追従し超高精度を達成するために、フィードフォワード制御として電圧基準を加えています。電圧基準は電磁石の抵抗とインダクタンス成分と、電流パターンとからで決まる電圧パターンです。電磁石は電流が大きくなると飽和領域になり、それにともないインダクタンスが小さくなるので、その分も織り込んでの電圧パターンとすることで、パターン追従性はより良くなります。

　偏向電磁石電源の実際の通電波形を**図5**に示します。精度の±0.01％を確認するために、電流指令値と電流検出値の差分を1000倍した電流偏差として測定しています。ピッタリ精度が達成されていることが確認できます。

スキャニング電磁石電源

続いて、スキャニング電磁石電源について解説します。スキャニング電磁石電源への要求性能は以下になります。

通電パターン：±100％の電流領域で高速スキャン通電

精度：±0.1％（±1×10^{-3}）以下

電流リプル：0.1％（1×10^{-3}）以下

加速された粒子が治療室まで導かれた後、治療照射をするイメージ図を図6に示します。ビーム状の粒子は数mmごとに移動と照射を繰り返します。平面をX軸、Y軸とすると、がん細胞部位から照射領域が設定されて、XY平面をまんべんなく照射することになります。軌道はX軸、Y軸で決める必要から、スキャニング電磁石もそれぞれに設けているので2式あります。ここに電流を流すのがスキャニング電磁石電源です。

また、照射領域は立体的であるので、照射深さz軸方向も調整する必要があり、これは加速器から治療室に出射する時のエネルギーを調整することで行います。これらにより、立体的にまんべんなくがん細胞に照射できることになります。治療照射は、数秒で完了させたいことから、スキャニング電磁石電源には高速スキャンができる通電性能が要求されます。

スキャニング電磁石電源の回路構成を図7に示します。定格は数100A、数100Vとなります。単相ブリッジのインバーターが2段直列に接続された構成になります。1段は高速で電流を立ち上げるため、もう1段では電流一定を維持するためと、それぞれ別の役割を持った構成となります。

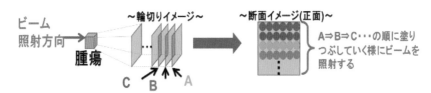

図6　スキャニング動作のイメージ図

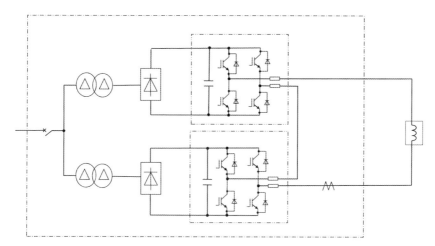

図7　スキャニング電磁石電源の回路構成

　ビーム状粒子は数mmごとに移動と照射を繰り返します。移動を高速にするために、スキャニング電磁石には高い電圧を印加します。高速で電流を立ち上げたら、次は役割を電流一定にする側に移します。この時、高い電圧印加は一旦0にする、還流モードにします。次のビーム状粒子の移動で、再度高い電圧印加をします。この繰り返しでビーム状粒子のスキャンを実現します。高い電圧印加と、電流一定の制御では、電圧が10倍から数10倍の差になるので、役割は分担した構成にするのが合理的です。ビーム状粒子の移動は最速で数10μs、治療照射の時間を短くするためには必要な性能となります。

　スキャニング電磁石電源の実際の通電波形を**図8**に示します。精度の±0.1％を確認するために、電流指令値と電流検出値の差分を100倍した電流偏差として測定しています。移動中の電流偏差が一時逸脱するのは当然ですが、電流一定の領域では精度が達成できているのが分かります。

核融合実験炉

　核融合は「地上の太陽」と呼ばれ、発電に利用するための研究が進んでいます。燃料が海水中にほぼ無尽蔵にあり、夢のエネルギーと言われて

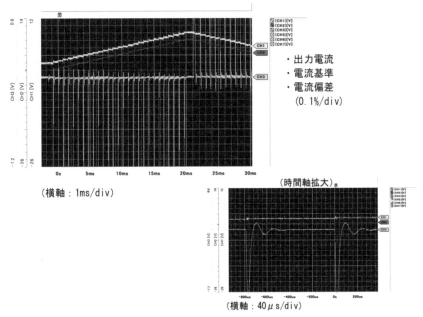

・出力電流
・電流基準
・電流偏差
（0.1%/div）

（横軸：1ms/div）

（時間軸拡大）

（横軸：40μs/div）

図8　スキャニング電磁石電源の通電波形

1950年代から研究が始まったものです。日本国内では、茨城県那珂市に
JT-60トカマク装置、岐阜県土岐市に大型ヘリカル装置（LHD）、フランス
には国際プロジェクトの国際熱核融合実験炉（ITER）があります。JT-60
はさらにJT-60SA（JT-60 Super Advanced）に進んでいます。

　核融合では重水素や3重水素が燃料になり、電子が分離されたプラズマ
と呼ばれる状態で、ドーナツ状の真空の容器に、高密度で閉じ込め、イオ
ン温度を1億度以上にすることが必要になります。

　閉じ込めには磁気を使います。巨大なコイルに大電流を流すことで強力
な磁力を発生させて閉じ込めます。この電流を流すのがコイル電源です。
また加熱にはいくつかの方式がありますが、その中のひとつであるNBI
（Neutral Beam Injector、中性粒子入射）で、高電圧を供給するのがNBI
電源で、これらにパワーエレクトロニクスが使われています。

　核融合で使われるコイル電源では大電流が要求されます。NBI電源では

高電圧の供給だけではなく、負荷短絡での特別な運転要求があります。これはパワーエレクトロニクスがキーとなって実現されています。

コイル電源

コイル電源の技術ポイント（要求性能）は、

最大120kAの大電流

というシンプルなものです。

コイル電源はサイリスターを三相ブリッジにした構成になっていて、定格は最大で2.5kV、120kAとなります。

三相ブリッジ1台当りでは、4kV、3000A定格のサイリスターを、アーム当り2直列、7並列で構成していて、定格は1383V、25.3kAになります。この三相ブリッジを、2直列、4並列の構成にして最大定格を出力するようにしています。

NBI電源

NBI電源の技術ポイント（要求性能）は、

直流高電圧出力：数100kV
ブレークダウン（負荷側での短絡）でのエネルギー流入高速遮断、100μs以内
ブレークダウン直後10msでの再投入、最大20回の繰り返し

となります。

高速の中性水素原子をプラズマ中へ入射させ、そのエネルギーを与えることによりプラズマを加熱する方法をNBI（Neutral Beam Injector、中性粒子入射）加熱と言います。中性粒子は磁場の影響を受けることなく入射できることから、加熱の方式に用いられています。

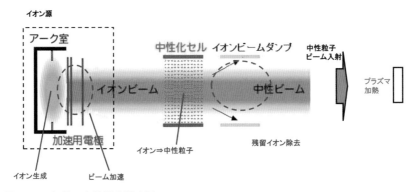

図9　NBI加熱の全体構成概略図

　図9にNBI加熱の全体構成概略図を示します。全体は真空容器で構成されます。イオン源では水素の正イオン、または負イオンが生成され、加速用電極での高電界により加速、中性化セルではイオンから電荷を取って中性粒子にした後に、プラズマに入射して加熱します。

　加速用電極にはNBI電源から直流高電圧が印加されます。電圧定格は、40kVから490kVとなります。NBI電源から見れば加速用電極が負荷になります。この電極はブレークダウンを凝り返しながら電圧を定格まで上げていく過程があります。いわゆる電極のエージングをするのですが、この際に電極が破損に至らないようにするためのエネルギー流入高速遮断が必要で、この遮断時間は100μs以内となります。一方、電極のエージングをスムーズに進めるにはブレークダウン回数は多く発生させることになり、ブレークダウン直後10msでの再投入、最大20回の繰り返しの運転が要求されます。

　NBI電源の回路構成を図10に示します。電圧定格は100kV前後、電流定格は100A前後になります。三相交流にACサイリスタースイッチを設け、トランスと三相ダイオードブリッジにより定格の直流電圧を発生させます。半導体スイッチは出力に直列に設けて、ブレークダウン時の高速遮断を実現します。半導体スイッチはGTOやIGBTを直列に接続して構成します。電流を遮断すると、それまでの電流が配線上のインダクタンスにエネルギー

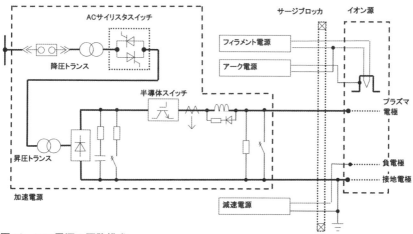

図10 NBI電源の回路構成

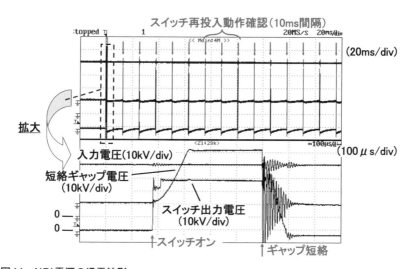

図11 NBI電源の通電波形

として残留するので、この処理に気を使う必要があります。スイッチの半導体には各々並列にコンデンサーを含むスナバ回路が接続されるので、このコンデンサーが残留のエネルギーを吸収することになります。コンデンサー容量はこのエネルギー吸収も考慮し、適切に決める必要があります。

図12　NBI電源のIGBTスイッチ

　NBI電源の実際の通電波形を**図11**に示します。このNBI電源の定格は、40kV、180Aです。この通電では、負荷のブレークダウンをギャップで模擬して、100μs以内の高速遮断とブレークダウン直後10msでの再投入、繰り返しの動作を確認しています。

　実際の40kV、180A定格のNBI電源の、IGBTスイッチを**図12**に示します。

第**7**章

将来像

7-1 パワーエレクトロニクスの将来

　ここまでの章では、あらゆる分野でパワーエレクトロニクスが使われていることを説明してきました。この章では、技術の発展により、さらに幅広い分野で活躍するパワーエレクトロニクスの将来について説明します。

1. ワイヤレス電力伝送

　電源コードを挿さなくても、置くだけで充電できる「ワイヤレス充電」が、電動歯ブラシやスマートフォン等で実用化されています（**図1**）[1]。これ

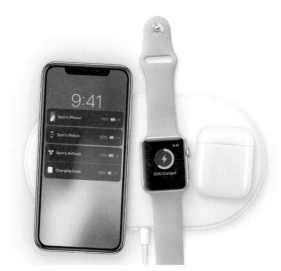

図1　スマートフォン等のワイヤレス充電
（写真：アップル）

らのワイヤレス充電は、「電磁誘導方式」と呼ばれ、電気の送り側と受け側の機器にそれぞれコイルを内蔵し、双方のコイル間の磁気的な結合を使って送電し、その電力をバッテリーに充電します（**図2**）[2]。

「電磁誘導方式」で送電できる距離は数mm~10cm程度ですが、これらの方式とは異なり、電波によって遠く離れた場所に電力を伝送する「空間伝送型ワイヤレス電力伝送システム」の研究開発が進められています[3]。この方式では、送電側から直流電源や商用電源を数百MHz-数百GHzの高周波信号に変換し、アンテナから電波を伝送します。受電側アンテナで受信した信号を共振回路、整流回路を介して電力として取り出します（**図3**）[4]。

電気→ワイヤレス給電→電気の伝送総合効率は有線よりも低くなりますが、無線で電力を送れる利点を生かし、以下のようにさまざまな分野での応用が検討されています。

・工場、倉庫、配送センター等での、センサー、カメラ、表示器等への給電[4]（**図4**）
・介護施設等でのバイタルセンサーへの給電[4]（図4）
・モバイル機器への給電[4],[5]（**図5**）

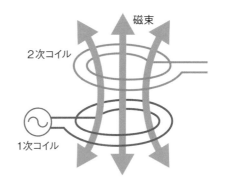

図2　電磁誘導方式

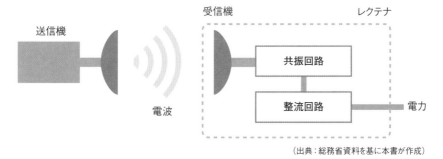

（出典：総務省資料を基に本書が作成）

図3　空間伝送型ワイヤレス電力伝送システムの仕組み

図4 ワイヤレス電力伝送の応用例
工場での、センサー、カメラ、表示器等への給電（左）と、介護施設でのバイタルセンサーへの給電（右）
（イラスト：総務省資料[6]）

図5 スマートフォンやドローン、走行中のEVへの給電

・飛行中のドローン、走行中のEVへの給電[5]（図5）
・遠隔地への大電力送電（災害時の利用など）[6]（**図6**）
　伝送距離数十m以上、電力数十kW以上のワイヤレス電力伝送については、実用化は2040年代と言われています[7]、[8]。

2. 宇宙太陽光発電システム

　宇宙空間において太陽エネルギーを集め、そのエネルギーを地上へ伝送して電力として利用するシステムの研究開発が進められています[9]。

図6　遠隔地への大電力送電
（イラスト：総務省資料[6]）

宇宙太陽光発電システムの説明の前に、地上での太陽光エネルギー量を確認していきます。まず、地球上の全電力を太陽光で賄うには、どの程度の太陽光パネルが必要になるかを考えます。筆者の試算では、

①全世界で1年間に使うエネルギー　1.1517×10^{17}（Wh）
②100km×100kmの1年間の太陽光発電エネルギー　8.76×10^{15}（Wh）
①÷②＝（1.1517×10^{17}）÷（8.76×10^{15}）＝17.32

となり、100km×100kmの面積が20個くらいあればよいことがわかります。計算上は、アフリカのサハラ砂漠[10]（面積9,400,000km²）に太陽光パネルを**図7**の様に並べると（2,000km×100km=200,000km²、サハラ砂漠の2%）、全世界で使うエネルギーを賄うことができます。

　実際に、太陽光発電施設をサハラ砂漠に作り、その電力をスーパーグリッド（高圧直流の国際的送電網）によりヨーロッパに送電するという構想が検討されていました。この構想の実現は、莫大な建設コストと、参加国・企業間の調整が難しく、消滅していますが、このような着想の可能性は大

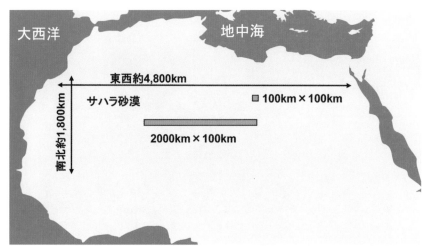

図7　サハラ砂漠での太陽光発電（全世界で使うエネルギーを賄う太陽光発電所面積）

変大きく、今でも多くの研究者により研究開発が進められています[11]。実現には、サハラ砂漠で発電した場合の周辺環境や政治・社会・経済への影響、スーパーグリッドの構築といった課題も検討していく必要があります。

　これらの地上の太陽光発電に対し、宇宙太陽光発電システムは、エネルギー、気候変動、環境等の人類が直面する地球規模の課題を解決できる可能性のあるシステムと期待されており、以下の特長があります[9]。

・地上の約1.4倍の強度の太陽光を利用できる。
・天候や昼夜を選ばず発電でき、エネルギー源として安定している。
・電力を必要とする地域へ無線により柔軟に送電でき、地上設備も最小限に済む。
・地震等の地上の自然災害の影響を受けにくい。

　宇宙太陽光発電は地上3万6000キロメートルの静止軌道上の人工衛星に巨大な太陽光パネルを設置し、そこで発電した電力をレーザーなどによる

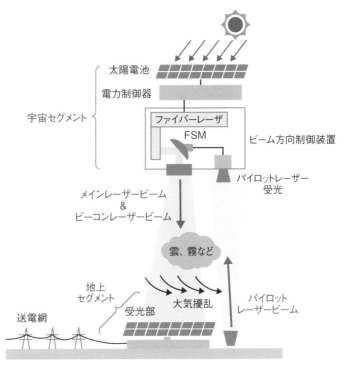

太陽電池

電力制御器

宇宙セグメント

ファイバーレーザ

FSM

ビーム方向制御装置

パイロットレーザー
受光

メインレーザービーム
&
ビーコンレーザービーム

雲、霧など

地上
セグメント

受光部

大気擾乱

パイロット
レーザービーム

送電網

図8　宇宙太陽光発電システムのレーザー無線エネルギー伝送
（出典：JAXAの資料を基に本書が作成）

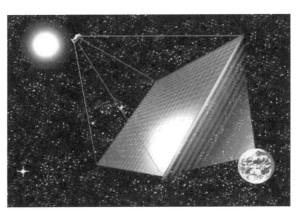

図9　宇宙太陽光発電システム
（写真：J-spacesystems提供）

電磁波で地上に送り、地上で再び電力に変換して送電する仕組みです（**図8**）[12]。例えば、1GW級の発電所の場合、2km四方の大きさで検討されています（**図9**）[13]。実用化は2040～50年代と言われています[14]。

【参考文献】

1) 日経クロステック、2018.11.09、「難題に挑戦！iPhoneクイズ道場（2ndステージ）」、
https://xtech.nikkei.com/atcl/nxt/column/18/00485/00003/?P=7

2) 日本経済新聞 電子版、2011/9/2、「スマホの「おくだけ充電」急速普及へ 離陸するワイヤレス給電（1）」、
https://www.nikkei.com/news/print-article/?R_FLG=0&bf=0&ng=DGXNASFK2902O_Z20C11A8000000

3) 総務省 報道資料、令和2年7月14日、「空間伝送型ワイヤレス電力伝送システムの技術的条件」のうち「構内における空間伝送型ワイヤレス電力伝送システムの技術的条件」、
https://www.soumu.go.jp/menu_news/s-news/01kiban16_02000240.html

4) 総務省 報道資料、令和2年7月14日、「空間伝送型ワイヤレス電力伝送システムの技術的条件」のうち「構内における空間伝送型ワイヤレス電力伝送システムの技術的条件」、
別紙2、https://www.soumu.go.jp/main_content/000697268.pdf

5) 日経クロステック、2020.07.03、「走行中EVに光無線給電、数km先にkW級電力　ドローン用進化」、https://xtech.nikkei.com/atcl/nxt/column/18/00001/04246/

6) 総務省、情報通信審議会 情報通信技術分科会 陸上無線通信委員会 空間伝送型ワイヤレス電力伝送システム作業班（第1回）、資料1-5-1、
https://www.soumu.go.jp/main_content/000611759.pdf

7) 総務省、平成30年1月29日、電波有効利用成長戦略懇談会、成長戦略WG（第5回）、
https://www.soumu.go.jp/main_sosiki/kenkyu/dempayukoriyo/02kiban15_04000307.html、資料 成長WG5-3、「2030年代に向けた技術トレンドとイノベーション促進」、
https://www.soumu.go.jp/main_content/000531234.pdf

8) 総務省、令和2年1月、「ワイヤレス分野の技術ロードマップ」
https://www.soumu.go.jp/main_content/000669891.pdf

9) JAXA、宇宙太陽光発電システム（SSPS）の研究、
http://www.kenkai.jaxa.jp/research/ssps/ssps.html

10) フリー百科事典『ウィキペディア（Wikipedia）』、サハラ砂漠、
https://ja.wikipedia.org/wiki/サハラ砂漠

11) AMP、Webニュース、2020.3.24、「サハラ砂漠で太陽光発電。実現すれば欧州で使用される電力7,000倍分をカバー、しかし問題も」、https://ampmedia.jp/2020/03/24/sahara/

12) JAXA、宇宙太陽光発電システム（SSPS）の研究、レーザー無線エネルギー伝送技術の研究、http://www.kenkai.jaxa.jp/research/ssps/ssps-lssps.html

13) JAXA、宇宙太陽光発電システム（SSPS）の研究、大型構造物組立技術の研究
http://www.kenkai.jaxa.jp/research/ssps/ssps-kouzoubutsu.html

14) 日本経済新聞 電子版、2014/8/4、「宇宙太陽光発電を支援 経産省、アンテナ軽量化に研究費」https://www.nikkei.com/article/DGKDZO75197140U4A800C1MM0000/

索引

コラム記事一覧

監修・執筆者一覧

監修者

菊池秀彦（東芝三菱電機産業システム株式会社　代表取締役副社長）

川口章　（同パワーエレクトロニクスシステム事業部・事業部長）

執筆者

菊池秀彦（東芝三菱電機産業システム株式会社　代表取締役副社長，1章）

川口章　（同パワーエレクトロニクスシステム事業部・事業部長，1章）

山本融真（同・技師長，7章）

安保達明（同・技監，2章）

金井丈雄（同・技監，3章、4章）

川上紀子（同・技監，2章、4章）

玉井伸三（同・技監，2章、3章）

森治義　（同・技監，4章、5章）

吉野輝雄（同・技監，2章、3章）

中村利孝（同・ドライブシステム部・技術主幹，3章、4章）

山﨑長治（同・パワーエレクトロニクス部・技術主幹，6章）

下村弥寿仁（同・技術品質管理部・部長，7章）

［所属は2020年11月1日現在］

応用から見た
パワーエレクトロニクス技術最前線

新エネルギー、交通・輸送、産業、IT、科学・医療

2020年12月7日　第1版第1刷発行

監　修	菊池 秀彦、川口 章
発行者	吉田 琢也
発　行	日経BP
発　売	日経BPマーケティング
	〒105-8308　東京都港区虎ノ門4-3-12
装丁・制作	松川 直也（日経BPコンサルティング）
印刷・製本	図書印刷

ISBN978-4-296-10774-2　Printed in Japan